職場 認真 37

化解你的 時間焦慮

時間總是不夠用?

你要管理的不是時間,而是改變工作觀念和順序

TIME ANXIETY

the illusion of urgency and
a better way to live

Chris Guillebeau

克里斯・吉勒博——著 林巧棠——譯

國內外專業人士好評推薦

覺得時間總是不夠用，對時間感到焦慮，這代表你是有責任感的；但同時，我們也得承認自己的極限，重新將時間分配給真正「重要的事」，而非「所有的事」。

——陳志恆　諮商心理師／暢銷作家

時間很現實，就只有那麼多。與其抱怨時間不夠用，倒不如重新調整、更新自己的認知，掌握工作的優先順序。

——王意中　王意中心理治療所所長／臨床心理師

如果你正遇到時間不夠用的生活困擾，來看這本書吧！書裡有許多「有效」建議，能讓你在時間不夠用的焦慮感與處事責任感之間，取得一個適切的平衡點。

——A大（ameryu）　《A大的理財金律》作者

本書對以往的時間管理技巧提出質疑，從改變信念與思考方式的角度出發，解決我過去的許多疑惑。如果你曾經試過許多時間管理方法，但依然覺得不夠好，這本書絕對值得推薦！

——許繼元　Mr.Market 市場先生／財經作家

要解決時間焦慮，關鍵是要讓自己覺得時間「夠用」。這是一本能幫助你時間「夠用」之書，讓你不再焦慮。

——鄭俊德　閱讀人社群主編

世界上唯一公平的就是每個人一天都是二十四小時。本書指出，如果能認清人生工作的先後順序，就能讓人生活得更自在，從時間焦慮解放出來！

——抹布 Moboo　「科技工作講」Podcast 粉絲團主持人

上班八小時，決定你現在的成就，下班八小時，決定你未來的人生。這本書教你學會做時間的主人。

——鄭詩翰　年輕人的投資夢版主

我們並非缺乏時間，而是缺少讓自己喘口氣的空間。本書能幫助你重新理解「時間不是敵人，而是我們的合夥人」，善用身體與心靈的放鬆技巧，放下對效率的過度追求，減少焦慮與自我壓迫，讓你更自在地行動與成長。

——姿穎　退休的全職媽媽理財版主

本書提出了豐富且極有用的建議，從操作層面到心理層面，帶你擺脫時間焦慮、放慢腳步、有目的地生活。

——Cal Newport　《紐約時報》暢銷書《慢速工作力》作者

我們和時間的關係是生命中最重要的其中一件事。在本書中，作者極有說服力說明了時間焦慮為何讓人煩惱，並提出了具體的應對步驟，例如如何面對截止日期的恐懼和長時間的忙碌。作者也向我們保證，如果安排得當，就有時間過上美好的生活。這是一本非常有價值且富有洞察力的書。

——Gretchen Rubin　《紐約時報》暢銷書《五感全開》作者

終於有這樣的書了！一本談如何管理時間的書，不僅可以讓你安排好一天的生活，還可以實質上帶你享受這一天！

——Chris Bailey 暢銷書《極度專注力》作者

本書必讀。作者吉勒博以獨特方式，結合了實用的智慧和相關的故事，解決了我們都會有的「時間不夠用」的掙扎和壓力。

——Matt Abrahams 史丹佛大學商學院講師／暢銷書《思考更敏捷，說話更機智》作者

對於那些覺得時間不夠用的人來說，本書會讓你感到耳目一新，而且充滿誠實且實用的指南。作者吉勒博巧妙地結合了研究、個人經驗和可行策略，幫助你擺脫焦慮，邁向有意義的生活。

——Ben Meer System Sunday 新聞報創辦人

在這本書中，作者打破了急迫感的迷思，並提出一種全新且人性化的方法，以重新掌控我們的時間：不是塞滿更多任務，而是擁抱放手的力量。這本書富有思想性、實用性，且極具感染力，它讓我們對生命的注意力，從高效率轉移到有目的的生活。

——Nir Eyal 《專注力協定》作者

目次

第二部　重寫時間規則

第三部　擁有你的時間

獻給大衛・福蓋特

以及

每一位擔心時間不夠用的人

去做：
看看世界
談戀愛
洗衣服
找到我的目標
我生命裡的時間正在流逝。

去做：
一天的時間都不夠用。

前言 時間焦慮

害怕時間不夠用

時間正在從我身邊流逝，
我感覺無法掌控我的處境。
有件事我應該要去做，
但不知道那是什麼。

這是一本為擔心時間不夠用的人而寫的書。

這本書是為了那些覺得永遠沒有足夠時間去做重要事情的人、那些害怕他們在人生中錯過了某些重要事情的人，以及那些感覺現在應該做些什麼卻不確定是什麼的人而寫的。

他們總是無法準確地形容這種感覺，他們可能會給這種感覺一個名字，或者可能根本不給它取任何名字。無論如何，這種感覺永遠不會真正消失。

我將這種經驗稱為「時間焦慮」。我不是因為學術上的興趣而研究這件事的，正如之後要和你分享的，我對這件事的興趣源於自己多年的掙扎。很快地，我發現許多人都以自己的方式應對時間焦慮，而他們為解決這問題所做的大部分努力，反而讓情況更糟。

當時我撰寫一篇部落格文章，分享我的經驗時，評論和電子郵件如潮水般湧入：

- 「我的朋友和我一直都在談論這個。」
- 「我以為只有我一個人會這樣。」
- 「我一直都有這種感覺，但我從來不知道有一個名稱可以形容它。」
- 「這影響到我每天的生活。」
- 「自從疫情以來，這些感受愈發強烈。」
- 「我真誠地相信這是我人生中決定性的問題。」

顯然，這是一個嚴重且尚未深入研究的問題。當我開始更加注意這個問題時，發現大多數人會用以下這兩種方式中的一種來描述它。他們感到不安的由來，要不是與他們的人生宏觀觀點有關，就是與管理日常生活中的挑戰有關。對於一些幸運的人，包括我在內，這兩者兼而有之。

存在主義：**我生命中**的時間所剩無幾。

日常生活：**一天**的時間不夠用。

這份症狀清單進一步區分了這兩種形式之間的差異：

存在主義式的：

- 反思過去那些「浪費」寶貴時間的決定。
- 感受到強烈的壓力，迫使每一刻必須有價值，導致持續的壓力。
- 擔心自己永遠找不到真正的使命或目標，並在回顧人生時感到後悔。
- 當思考到生命的有限性時，感到恐懼或驚慌不已。

日常生活的：

- 對自己施加強大壓力，以在特定時間內完成任務。
- 覺得自己總是處於「開機」狀態，即使在閒暇時間也無法真正從工作中抽離。

・很難專注於單一任務，經常在多個任務間切換，或因為新的需求而分心。

・很少在完成任務或達到期限後感到完成感或滿足感。

那些更專注於存在主義和全局觀的人會說：「我不知道該如何過我的人生，感覺時間已經不多了。」

同時，那些專注於日常生活挑戰的人會說：「每天沒有足夠的時間來做我需要的事情，我總是跟不上進度。」

無論如何，他們的焦慮感是相似的：**時間正在從我身邊流逝。我感覺自己無法掌控目前的情況。有件事我應該做，但不知道是什麼。**

經歷時間焦慮的人往往會陷入猶豫不決的困境。他們常常表達對「接下來我應該做什麼」一事的挫折感，幾乎任何事情都這樣。這個問題可以針對一個專案、一段關係，或是生活中的任何事情。

無論是面對重大人生變化，還是僅僅決定接下來要處理哪個任務時，因分析而產生的癱瘓感往往會占據你的心智，最終使自己陷入惡性循環並消耗能量。最後，你對於自己無法做出簡單的選擇而感到更加沮喪。

在這些最初的評論中，還有一件經常出現的事情：**一種來不及的感覺**。無論是拖延已久的職業變動、早幾年前就該結束的關係，還是被擱置的夢想，那種錯失良機的內化信念，可能格外令人痛苦。

一位三十多歲的女士如此表示：

隨著年齡增長，我越來越強烈地感受到時間的流逝，以及錯過做某些事情的機會。如果考慮到我人生前十八年幾乎無法選擇如何支配時間，那我在生命的下半場應該有更多時間做自己想做的事。但不知為何，感覺並不是那樣。

後來，當我進行更多研究時，注意到一件有趣的事：從十四歲到七十四歲的人群都會出現這種擔憂。這是一種跨世代的恐懼！雖然生活中的某些事情確實有具體的時間表，但「太晚」的恐懼似乎不一定與之相關。

即便如此，當你開始相信自己錯過了一個重要機會時，感覺並不好。

時間焦慮不僅僅是對錯失恐懼症的擔憂，
也不同於注意力不足過動症

我所描述的經歷有時被稱為「錯失恐懼症（FOMO, the fear of missing out）」，但時間焦慮則有所不同。FOMO專注於當下（「有事情正在發生而我不在場」），而時間焦慮則涉及三個層面：過去、現在和未來。你對過去感到後悔，對現在不確定或猶豫，對未來感到擔憂。

過去：我希望當時能有不同的做法。

現在：我不知道現在該怎麼辦。

未來：我擔心未來的日子和歲月裡會發生什麼事。

時間焦慮可能與注意力不足過動症，或自閉症類群障礙等神經多樣性狀況重疊，但它也可以獨立存在。即使是神經典型的人（具有正常大腦發育的人），也會為時間不夠而感到恐懼，以及對如何利用時間感到焦慮。或者，你可能患有注意力不足過動症、自閉症或其他狀況，而時間焦慮放大了你其他的行為。

無論怎樣的具體診斷，時間焦慮的掙扎都深刻地影響了你計畫和完成簡單任務的能力。這會導致你被困住好幾個小時或幾天，低估或高估某件事情所需的時間，並且長期逃避不愉快的情況——即使只需花幾分鐘專注於它們就能立即得到緩解。

我小時候被診斷出患有注意力不足過動症，成年後開始服用藥物進行治療。治療有所幫助，了解更多關於該狀況的資訊對我也有幫助。然而，我無法專注於工作並不是唯一的問題。我也生活在焦慮中，不斷擔心自己是否在做正確的事情。時間焦慮產生不斷重複的不滿感，這是一種暗流，告訴你有些事情不對勁。有時候它會退居背景，但總是會再度浮現。

生產力「祕訣」掩飾了問題

當我在閱讀研究時，我開始重新思考自己如何運用時間的方法。我一直以來都是生產力方法的忠實粉絲，但已逐漸感到理想破滅。我完成的工作或達成的目標越多，剩下的事情就越多。這永遠沒有結束。僅僅是採用新的習慣或例行公事，或者註冊更多的應用程式和服務，就會產生一種誤導性的進步感。

最糟糕的是，我隱約懷疑自己愈來愈擅長做錯事。我沉迷於完成待辦事項所帶來的多巴胺刺激。就像其他藥物一樣，最初感覺良好，但持續效果有限，有時甚至有害。

某一天夜晚，我終於意識到，無論我回覆了多少封電子郵件，或完成了多少任務，其實都不重要。神奇的是，更多的郵件出現了！我完成了一組任務後，總有另一組任務在等著接替。

西方文化中，要說效率至上的信念有多麼根深蒂固都不為過。數百本書籍、工作坊、研討會和TED演講，都在強化相同的錯誤信念。這些人都聲稱可以提供一套絕對有效的方法，然而，真正對生產力感興趣的人，通常是在各種方法間遊走的。

我以前跟隨一位生產力專家，他總是改變自己推薦的系統。每隔幾個月，他就會非常興奮地舉辦一場新的研討會，介紹最新的方法。

在某種意義上，我知道他改變系統是因為有新東西可以銷售，但看起來並不完全如此。他對任何新方法都抱有真正的熱情，直到有更新的方法出現為止。

最終，在兩年多推薦各種數位技術之後，他發出了一則訊息，宣布他最新的發現。這個方法完全是類比的，在影片中他指著一本紙本日記說：「我了解到，管理生活的最佳方式與科技無關，一切都在簡單的日誌。」

「哇」，我心想：「我們已經回到了原點。」經歷過各種應用程式和技術解決方案之後，現在又回到了人們幾百年來記錄事物的方式。之後，我再也沒有收到他的消息。毫無疑問，他正在別處努力工作。

生產力建議的世界，尤其是時間管理，許下了一個迷人的、不可能實現的承諾。它聲稱能為混亂的世界提供秩序，卻無法為我們提供解決根本問題的工具。在此過程中，它產生了其他的問題，使得我們不斷在為無法征服這個困境而感到羞愧，與重整旗鼓再試一次之間來回掙扎。

你有能力讓自己感覺更好

那麼應該怎麼做呢？事實證明，我們並不是完全無能為力。據我所知，你要先以不同的方法來解決這個問題。你要明白為什麼到目前為止你嘗試的一切都失敗了。你要重寫一些根深蒂固的模式。

老實說，一開始進行時，可能比聽起來的還要困難，但我保證這是值得的。

為了尋找答案，我開始了一系列的調查問卷，超過一千名受訪者認真地完成了這些問卷。我分析了結果，得到一些看法和共通性。我進行訪談，也查看了學術研究，從晨間筆記法到使用氯胺酮，嘗試了所有我能想到的方法。

我所發現的事，有時候讓人感到沮喪，特別是那些放大問題的無用建議。我對「技巧與祕訣」的詮釋從支持變為懷疑，最終變得相當反感。我發現，這些建議多數弊大於利，並助長了一種錯誤的信念，也就是只要你特別努力工作並且每天早起，就可以克服難以戰勝的挑戰。

有時候，調查的結果讓我驚訝，促使我質疑自己長期以來的假設和信念。不僅僅是所有的、其他的專家都錯了，連我自己也弄錯了。我犯了典型的歸因錯誤，把成功歸功於自己的才華，卻也因失敗而嚴厲責備自己。

結果我發現自己並不聰明也不愚蠢；我只是陷入了以為自己能夠做到一切的陷阱中。我也曾將自尊和自我認同建立在他人對我的看法上，這是另一種典型的錯誤，只會帶來痛苦。

這反過來影響了我每日的作息系統，加深了我必須更加努力工作以減輕焦慮的感受——即使我埋頭苦幹於錯誤的方向時也是如此。

不只是我那位生產力專家朋友被如此誤導，他的經歷比我的誇張，也許你也有過類似的經歷。

如果你和我一樣，常常對新習慣或方法感到興奮並嘗試一下，卻無法持續下去，於是你又嘗試其他方法，但結果還是一樣。更多的應用程式，更多的日記，許下更多的承諾，要一勞永逸解決所有問題——這樣的承諾注定會失敗。

所以，與其給你過度的承諾，我要告訴你相反的話：這本書不會一次性為你解決所有問題。然而，這本書可以給你新的觀點和一套工具，讓生活更輕鬆。

我的目標是幫助你克服時間不夠用的恐懼，以及幫你擺脫長期不知道如何利用時間的問題。我期待你展望未來時，是滿懷希望，而不是抱著恐懼。我想讓你知道，你可以懷著目標感去面對忙碌的日子。

簡而言之，我想幫你**感覺更好，減少煩惱**。

你不會學到的東西

從我所做的調查裡可以看出另一個主題：大家對於相同的建議已感到厭煩，這些建議總是說「做到一切」應該沒那麼困難。

正如一位受訪者所言：

我受夠了「碧昂絲和你一樣只有二十四小時。」這句話。拜託，為了這個世界的美好，真的不要再這樣說了。把我的情況和一位富有的名人相比，很荒謬啊。

我保證不會拿你跟碧昂絲比較，也不會叫你持續投入一些無益、且不會讓你感到滿意的事。我不會叫你在完成一整天的工作前，凌晨三點起來跑馬拉松，然後午餐時停下來寫一章小說。

如果你要照顧小孩或年邁的父母，我不會假裝你能輕鬆兼顧這些責任和其他你想做的事。這不容易。很難！是人都會掙扎。

然而，事實依然存在：你依然被時間有限的壓力和如何利用這段時間的焦慮所困擾。你希望多做一些重要的事情，你確信有更好的方法在等著你，只要你能找出來。

這就是為什麼你要採取行動解決這個問題。如果一切不變，你將永遠感覺自己被困住。

因此，不加以保留且不作評判，我們將深入探討時間焦慮的根本原因，看看即使在生活的混亂中，你怎麼做才能感覺更好。

你也會更能達到預期的效果

還有一點，即使大多數生產力方法弊大於利，但在適當的情境下，有些方法仍然有用。透過學習一些簡單但違反直覺的策略，你可能比以往完成更多事情。這是減少時間焦慮的副產品，而非主要目標。但如果你是想要提高效率，這個過程自然也能幫助你達成更多事情。

不過，重點還是在於你會更有目標性，並對自身的狀況更有意識。

在我進行的最後一項調查中，我問受訪者這個問題：「不再對時間感到焦慮，會是一種怎樣的感覺？」我收到了數百個回應。許多回應都很特別，但也有很多回應則專注在少數幾個常見的主題：

「我會再次對自己的目標感到興奮，期待開始我的一天，並規畫更遠的未來。」

「我不會太擔心犯錯，反而更加專注並有明確的目標，這樣就不會有那麼多錯誤的開始。」

「我不會再對自己因沒弄清楚一切而生氣。我會感到更自信，能夠做出更好的決定。」

「我會感到自由。終於學會放下困擾我已久的事情，讓我能夠充滿希望地展望未來。」

考慮你會如何回答以下問題。無論你對過去有什麼遺憾，對未來有什麼擔憂，對現在有什麼挫折，如果這些感受都能退居次要位置，讓你能夠自在地、自信地繼續前行呢？

不論你怎麼看，我都會盡力幫助你達成目標。讓我們從一些可以讓你減輕壓力的方法開始第一章吧。

第一部

打破壓力循環

你有能力透過挑戰那些將你困住的想法，以克服時間焦慮。想像一下，你掌握當下，辨識出真正緊急的事，並接受時間是有限的。本節將引導你轉變對時間的觀點，讓你過得更充實。

焦慮會抑制你當下清晰的思考能力。

1 從給自己多點時間開始

在你對自己的人生做出重大決定之前，你需要減少感受到的立即壓力。

當我開始撰寫這本書時，我先列出了許多關於死亡、留下遺產，以及如何完成大型專案的想法。

我們稍後會回來談這些內容。但是當我和編輯仔細研究調查結果時，我們意識到**時間焦慮阻礙了人們在一些非常基本的生活運作上前進。**

讀者反覆提到類似的話：

「我感到完全不知所措，無法做出簡單的決定。」

「我的待辦事項清單上，有一項重要工作已經連續十天排在首位，但我就是無法鼓起勇氣去面對。」

「感覺每個人都知道一些我完全不理解的簡單道理。」

他們也傾向於使用「總是」、「永遠不會」和「經常」等絕對性術語來描述自己在時間方面的困難。他們**總是**有這種感覺，覺得自己**永遠不會**變得更好，也**經常**懷疑自己是否在好好利用時間。

焦慮會妨礙你當下清晰地思考。當你感到焦慮時，可能無法做出理性的決定。有時候，你知道自己該做什麼，卻感覺無能為力。有時候，你完全不知道該怎麼做——只知道**現在所做的並不好**。

無論如何，你覺得被困住了。而當你被困住時，第一步就是找到一條逃生路線。

你不會告訴一個正經歷恐慌發作的人，他們要開始準備報稅、和男友分手，以及寄出過期的房租支票。雖然他們最終還是要做以上所有的事情，但他們最先要應對的，是緊急的感覺。（簡單地告訴他們「冷靜下來」可能幫助不大。）

他們要學會調整呼吸，降低心跳速率，並理解即使現在的感覺勢不可擋，但**它最終會好轉的**。只有當他們能夠做到這些事情時，他們才有能力處理更系統性的問題。

我提到的那些行為——降低你的心率、注意你的呼吸模式——都是調節神經系統的一部分，而神經系統是你身體的重要部分，是讓你能進行任何認知密集型工作的重要基礎。當這個脆弱的生態系統保持平衡時，你就處於最佳狀態，能夠輕鬆做出決策、提前計畫，並有效管理自己的情緒。然而，如果加入壓力或焦慮，生態系統便會突然受到威脅。

當你面臨時間焦慮時，應先處理立即的症狀。你感到困擾的原因之一，是你感覺生活中**時間不夠用**。因此，即使是在繁忙的生活中，讓我們幫你達成**時間盈餘**吧，讓你有更多的可用時間。

在接下來的章節中，我將向你展示一些策略，包括：

一、什麼時候事情做得差不多就好（並不是所有事情都要做到極致，甚至做到好）。

二、為什麼不把事情完成是完全可以接受的（許多事情可以不做，而且往往是永久性的）。

三、對於任何類型的專案或創意工作，如何決定「怎樣是足夠的？」好讓你心中總是有個終點。

但以目前來說，試著採取一些能立即幫到你的快速行動吧。這些行動將為你提供空間，以便做出更大的決策，並弄清楚你實際上想如何度過時間。

一、練習「時間斷捨離」

家居整理指南通常專注於斷捨離，這是一種將家中或工作空間中沒有實用或愉悅目的的物品移除的行為。有時候這是一個有用的習慣。

然而，儘管物理上的斷捨離和改善環境可以對我們稍微有所幫助，但時間焦慮通常源於我們心中的擔憂或占據我們時間表的承諾。這和「我有太多襪子了，所以應該減少」有點不同。

因此，除了實體的整理外，看看接下來幾週的行事曆並挑戰自己，刪減一些項目吧。你可能會發現一些即將到來的約會，當初加入行事曆時覺得不錯，但現在感覺不那麼重要了。

稍後我會向你展示一種稱為「交戰規則（rules of engagement）」的概念，這可以幫助你在一開始就做出較少的承諾，但即使你還不了解這概念，也可以練習時間斷捨離。

檢視你的行程表，問自己：「我需要做這件事嗎？這對我的生活有什麼幫助嗎？我還想繼續做這件事嗎？」看看你可以移除什麼，並把那段時間視為給自己的一份禮物。這是一種簡單但強大的方法，讓你在不久的將來大幅增加可用的時間。

行動：你能為下週的行程清空至少兩個項目嗎？

二、減少你的聯繫管道

現在別人很容易找到你嗎？有多少人能直接抓住你的注意力？

我們大多數人都有好幾個「收件箱」，供他人聯繫我們之用。我指的不僅是你任何的電子郵件信箱（那些當然算數），此外，我們還有語音信箱和語音備忘錄、允許直接發送訊息的社交媒體個人檔案、具備通信功能的應用程式等等。當然，還有不少工作網絡（Teams、Slack、WhatsApp 等），許多員工都預期會參與其中。對你而言，可能還有一些我還沒提及的管道。

你知道嗎，隨時待命的代價很高！遠離這些工具，或至少減少使用，可以讓你重新獲得一些注意力。

行動：認真想一想，人們可以透過哪些不同的方式引起你的注意。你可以關閉至少一個收件箱嗎？

我知道這對某些人來說很困難，包括一些認為自己絕對**無法**降低對外開放的人。如果你是這樣的人，請明白你並不是無能為力。即使看起來微不足道，也總有一些事情是你可以做的。

注意：我並不是建議你減少付出時間給那些需要你實際存在且陪伴的人，例如年幼的小孩。關閉部分對外的可及性，反而能讓你更專注地陪伴那些你最在乎的人。無論如何，開始抗拒那種別人認為你隨時可以找到的期待吧。畢竟，這不應該發生，專注力是屬於你的。

留意給自己時間的感受

綜合來看，這類的行動顯示出一個整體策略，也就是**為自己爭取更多時間**。你要盡一切可能達成這項結果。你可以進一步延伸這個想法：

一、從手機中移除煩人的、浪費時間的應用程式。

二、關閉所有非必要的通知，只保留最重要的。

三、未經思考的情況下不給出同意和承諾。*

在這樣做的時候，請留意你的感受如何。是不是很棒？你過去一直擔心沒有時間，而現在你真真正正地把時間還給自己了。

回到整理家裡的例子：上面清單中的項目就像是在斷捨離，但可能更有價值。你不僅在襪子抽屜中騰出更多空間，贏回了世界上最珍貴的資源！

這些做法不僅僅是「做得更少」。正如你所見，我們都想多做一些特定的事，少做其他事情。這麼做不但減輕你面臨的持續壓力，使你更好地掌控時間，並在做出更好的決策。

即使只是多了二十分鐘，你也可以隨心所欲地運用這段時間。別再無意識地又把它分配給你改變思維方式之前的那些工作，要用其中一部分時間來做讓你感到愉快、清新和刺激的活動。這段時間屬於你。

*相反地，你要暫停一下並思考：這真的是我想做的事情嗎？如果我同意這個要求，我會錯過什麼？

身分轉變

最後，我鼓勵你**開始以不同的方式思考你與時間的關係**。這是什麼意思？要怎麼做？

你可能已經接受了「我有這個問題」的身分。這是我調查結果中出現的另一種常見思維模式。這表現在以下的說法中：

「這就是我的本性。」

「我是一個與朋友見面總是遲到的人。」

「我總是感到疲憊和不堪負荷。」

這種思維方式並不是無害的，它經常讓事情變得更糟，使你陷入負面情緒的漩渦，並阻止你做出任何實質性的改變。

可能你的大腦運作方式和其他人不同，但即使你在神經學上表現特異，也不代表你注定要永遠處在目前的問題。你只要以不同於以往的方式來解決這些問題。

你曾經的壓力和不堪重負，不必成為一種永久狀態。這不是你唯一的選擇，你可以克服它！事情可以更好。

我們會以此為基礎，在下一章進一步探討，進行一個名為「思維反駁」的練習。現在，試著以不同以往的方式來看待自己：

「我是一個正在努力弄清楚事情的人。」

「我正在學習如何更加自信果斷。」

「即使這對我來說很困難，但我正在取得進步。」

雖然還有很多事情需要改變，但至少這是一個好的開始。請記住，正如在恐慌發作時很難冷靜下來（儘管這是最終目標），當你感受到時間不足的壓力，或不確定如何處理一些小事時，要做出重大的生活改變也會很困難。

這一切可以改變！你正在學習更好地掌控自己的生活和時間。

時間焦慮讓你無法在生活的基本運作中前進。當你給自己一段時間作為禮物時，你開始感受到更多的自由。

練習　從簡單開始，以克服壓力

我感到非常不知所措，以至於什麼都做不了。

你曾經有過那種感覺嗎？不是事情多到讓你難以承受，就是你不知道從何開始，或者因為思前想後感到過度痛苦，以至於你什麼也不做。

當我們感到不堪重負時，有時會陷入僵局，無法做出任何有效的應對措施。我們或許會盡可能逃避或避免這個問題，即使知道這麼做最終可能會適得其反。

或者，如前所述，我們乾脆什麼都不做。

對其他人來說，這麼做很像懶惰，甚至愚蠢。（也許我們對其他人也有過這樣的想法：為什麼那個人無法取得一點進步？答案是：如果他們知道怎麼做，他們就會進步。）

下次你感到不知所措時，試試這個：

- **讓你的神經系統平靜下來**。深呼吸三次，每次吸氣後停留幾秒再呼出。這可以促使身體放鬆。接下來，留意周圍環境中可以看到的五件事，讓自己穩定下來，

協助注意力集中在當下。＊

・**拒絕或重新架構災難性的思維**。就像你可以學會重新思考卓越的概念（並非所有事情都必須做到令人驚訝的程度，有些事情只要夠好就行），你也可以把自己所處的巨大災難重新架構和思考它。你只是感到不堪重負，這是經常會發生的！你以前也曾處於這種境地，並成功度過難關了。

・**選擇一件你能做的事情，然後去做**。就一件事！如果你要回覆一封電子郵件，打開它並輸入第一句，通常是一些簡單且不需要太多能量的話（例如「你好」或「感謝你的訊息」）。

你不需要一個龐大的專案管理系統來應對你的壓力，相反地，慢慢處理可能會更好，一步一步地解決問題，同時也要記住「做得差」這個概念有時候也是可以接受的。（我們將在書中稍後的章節更詳細闡述這個想法。）

＊一些感官敏感的人不喜歡呼吸練習，有兩種替代方法：引導想像，想像一個平和舒適的場景；以及身體掃描，在意識上掃描並放鬆身體的不同部位。

什麼都不做的問題在於
不知道自己何時可以完成。

——尼爾森·德米勒

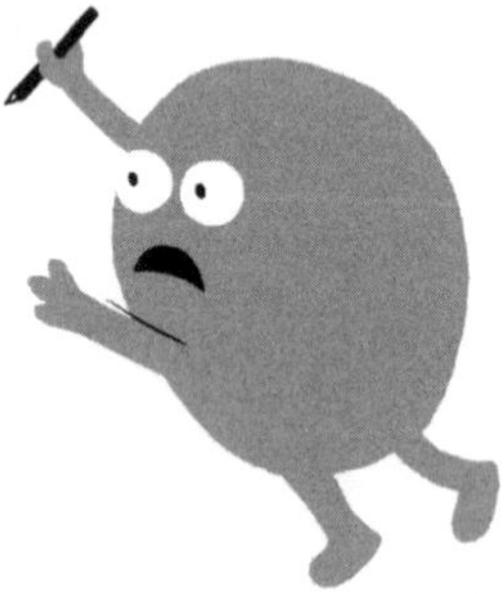

失敗一次，
永遠都會失敗。
過度類化
我總是
遇到不順的事。
非黑即白
思維
我只得了
第二名，我真是
個失敗的人。
心理過濾
我一定是
做錯了什麼事。
個人化思考

2 認知扭曲

當我們的心智欺騙我們時，我們會相信不合理的事情，並且變得更加焦慮。

你有反覆出現的侵擾性想法嗎？在你腦海中不斷上演的內心戲，雖然你懷疑它並無幫助，卻總是不肯離開？

請考慮以下情境。如果你無法認同這些情境的每一種情況，也無需擔心。只需問問自己，從廣泛的角度來看，你是否與其中任何一個情境產生共鳴：

高中二年級生艾力克斯，在即將到來的SAT模擬考試中少寫了一題，他心裡立刻想：「我所有的考試都會不及格。我根本沒有上大學的聰明才智。」這個單一錯誤讓艾力克斯過度類化了他整體的學識能力和未來前景。

達娜，一位二十八歲的女性，最近開始了一份新工作，她在前幾週內難以完成所有任務。她感到不知所措，無法辨別她收到的要求中，哪些才是真正重要的。達娜的思維模式沒有意識到新職位都要經歷過的學習曲線和調整期。

傑克森是一位單親爸爸，他設法完成了大部分的日常工作，但卻沒有時間做一頓家常便飯，只能叫外賣。他執著於這個「失敗」，而忽視了自己一整天成功做到的各種事情，例如幫助兒子完成作業，以及準時支付帳單。

這些都是認知扭曲的例子：不理性或誇大的思維模式，可能延續時間焦慮的狀態。

當你經歷扭曲時，你會相信一些不真實的事情，這種信念常常使情況惡化，並且不斷使局勢惡化，最終形成一個自我毀滅的循環。

認知扭曲有不同的類型，包括：

一、**過度類化：**將一次不好的結果視為永無止境的失敗模式。

二、**非黑即白思維：**將情況視為極端的，要麼是這樣，要麼是那樣，沒有中間立場。

三、**心理過濾：**只關注負面細節，而忽視正面的面向。

四、個人化思考：認為發生的每件壞事都是你的直接責任。

小孩子可能會這樣體驗**個人化思考：**

我朋友這個週末辦了生日派對，卻沒有邀請我。一定是因為沒有人喜歡我。或許我就是個不好相處的人，這就是為什麼沒有邀請我的緣故。感覺再也沒人會邀請我參加任何活動了。或許我不要交朋友比較好，這樣就不會感到被排擠了。

十二歲的孩子可能會有**非黑即白的思維模式：**

我參加了籃球隊的選拔，但沒有成功入選。這意味著我在運動方面完全沒用，是不是？無論我多麼努力練習，仍然不夠好。也許我應該乾脆放棄所有的運動。很明顯，我不適合這個，且每個人都會記得我是那個無法進入隊伍的人。

一個正在經歷離婚的成年人，可能會有這樣的**過度類化：**

這次離婚證明我不值得被愛，而且永遠都不會。如果我無法讓這段婚姻成功，可能沒有人會想要和我在一起了。我注定要永遠孤單一人。

一切都毀了

有一種特殊類型的認知扭曲，稱為**災難化思考**，具有嚴重的破壞性。這包含在某種情況下預期最糟糕的結果，或將事件視為比實際情況更加糟糕至極。

當你凡事往壞處想時，就會假設最糟糕的情境。你忘記了某人的名字，就認為自己得了失智症。你害怕去健行，因為擔心會被熊襲擊。災難隨時可能發生，你在腦海中也不斷重現這些情景。你過度執著、憂慮並反覆思考。

這些行為使情況更加惡化，因為不僅僅壞事是否真的會發生，而是在你的腦海裡壞事已經發生了，而且它還一次又一次地發生（一次又一次……）。請記得，時間焦慮影響著我們時間的三個維度：過去、現在和未來。當凡事往壞處想時，情況可能會像這樣：

過去：我犯了一個非常嚴重的錯誤。

現在：只有非常愚蠢的人才會犯這樣的錯誤。

未來：我永遠無法從這個錯誤中恢復。

認知扭曲常常滋生羞恥感和低自我價值感，這反過來又助長了我們對時間不夠用的恐懼。當我們相信自己有根本的缺陷或永遠「落後」時，我們更有可能：

- 在試圖向他人證明自己的價值時**過度承諾**。
- **拖延**重要任務和目標，腦海裡已經決定自己會失敗。
- **忽視自我照顧**，相信自己不應該休息或放鬆，直到「趕上」為止。

策略與解決方案

本書許多策略可以減少認知扭曲對你的影響，特別是那些與時間不足恐懼相關的策略。例如，如果將極度專注的時段與恢復的時段結合起來，你的工作表現會更好。透過將時間視覺化，例如在桌上放一個彩色計時器，你可以更好地掌握時間。

如果你在尋求相關的治療，可以尋找專門從事認知行為療法、辯證行為療法或類似方法的專家。

在非正式場合，你可以簡單地理解認知扭曲正如其字面意思一樣。這些認知不是建立在現實的基礎上！他們不是真的，也沒有幫助。

在為這些侵入性思考貼上標籤的同時，請想看看一個反向的敘事觀點，提醒自己過去的成功經歷。如果認知扭曲讓你在某件事情上感覺輸了，那就想想你曾經勝利的時刻。不可避免地，生活由喜悅與悲傷交織而成，有時候你在高峰，有時候你在低谷。你也可以提醒自己，在感到不好的時候，還是有解決的方法。你以前受過傷嗎？結果你還好嗎？無論如何，這次你可能也會沒事的。

有時候，指出災難化思考有多荒謬是有幫助的，就像我在本章中使用的一些例子。（我並不是說你這樣想很愚蠢，因為我們都會這樣想。我只是想說，這種思維模式可能會變得非常失控。）

和伴侶爭吵並不代表你們會分手。分手並不意味著你再也不會去愛或被愛。對許多人而言，失去工作儘管壓力很大，但有時卻是最美好的事，因為他們可以做其他更有意義的事。

事實上，只要正確地重新詮釋負面經驗，你甚至可以比經歷那件事之前更強大。試著想像一下：被拒絕的痛苦或其他未達到預期的經驗，可以成為未來更好的自己的一部分。

談到時間焦慮，你會發現，我們對時間的感受不必如此局限或蠻橫。

認知扭曲是強大的幻覺，導致我們的焦慮感和負面自我價值感。我們可以透過把它們標示出來，想想不同的故事來減少它們的影響。

練習 思維反駁

挑戰並用理性觀點取代非理性思考。

認知扭曲會悄然侵入我們的心智，使我們相信不理性的事情，從而加劇焦慮和壓力。思維反駁是一種技術，用來挑戰這些無用的想法，並以更理性、平衡的觀點取而代之。

一、辨識出負面想法

在一天當中，留意任何出現的負面或焦慮想法，特別是與時間相關的。寫下一個令你特別困擾、格外突出的念頭。例如，你可能會想：「因為錯過了截止日期，我這項計畫要失敗了。」

二、將認知扭曲標示出來

檢視你的思維，並辨識出它所屬的認知扭曲類型，是過度類化、非黑即白的思維，還是災難化思考？將扭曲類型標示出來，有助於你看到不合理的模式。（如果你無法判定這些區別，也不必擔心。認知扭曲的類型常常是重疊的。）

三、挑戰思維

問自己幾個問題來挑戰這個想法的有效性：

1. 這個想法是基於事實還是假設？
2. 我有什麼證據證明這個想法是真的或是假的？
3. 我以前有過類似的情況嗎？如果有，結果是怎樣的？

四、提出反論

根據你的回答，撰寫一份理性的反駁論述，以提供一個平衡的觀點。例如，當你這麼想時：「我會因為錯過截止日期而讓這項計畫失敗。」可以用「我以前也在截止日期前完成過，現在仍然可以成功。我可以怎麼做好讓我在截止日期之前完成？」來反駁自己。（或者「錯過截止日期並不意味著整項計畫失敗。有些計畫到了截止日期也是沒關係的。」）

通過挑戰和反駁你的不理性想法，可以降低其影響，並開始以更務實的方式思考。這種練習有助於減少時間焦慮，並培養更健康、更積極的心態。

神經典型
大腦：
明年
下個月
下星期
現在
上星期

神經多樣性
大腦：
不是現在
不是現在
不是現在
現在
不是現在

3 時間盲點妨礙你的時間感知

時間盲點是指你的大腦以不同的方式處理時間，使得計畫未來，或預測事情所需時間變得困難。

考慮以下這些情境：

你以為有很多時間來完成工作計畫，但是卻意識到這項任務比預期的要大得多。你開始驚慌，結果更難專注於需要完成的事情。

當你玩遊戲玩得如此盡興時，卻沒留意到時間已經悄然流逝了好幾個小時。現在已經很晚了，你卻還有一大堆事情要做。

身為忙碌的家長，你常常感覺自己在和時間賽跑。早晨總是混亂不堪，一邊要幫小孩準備好，一邊還得為一天的事情做好準備。隨著時間從早晨流逝到夜晚，你總感覺落後於時間表。

你的朋友知道你總是遲到，就算你嘗試早到也是如此。這有點像是在開玩笑，又有點不是。你想要成為一個更可靠的人，無論是作為朋友，還是因為遲到讓你感到壓力，但總是有一些事情在路上阻撓著你。

如果你經常無法掌握時間，或者常常低估完成任務所需的時間，你可能有「時間盲點」的問題。這個概念名詞來自於刊登在《神經心理學》期刊上的一項研究。這項研究著重於患有ADHD的青少年，結果顯示這些青少年在時間管理上面臨的困難程度遠高於對照組。

簡而言之，時間盲點指的是長期地誤判自己擁有的時間，通常會導致遲到、拖延或者因為未完成的事情而感到焦慮。你不太會估算時間，即使你答應自己將來會改善，結果卻引發各種其他問題。

時間盲點意味著你以不同的方式處理時間

時間盲點並不意味著你粗心或不負責任，只是你以不同的方式處理時間。

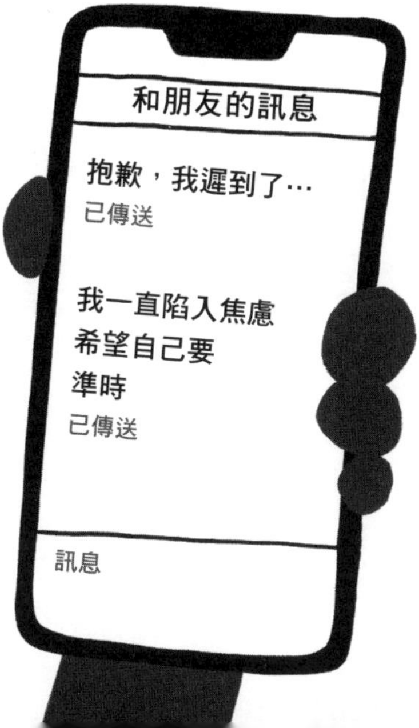

沒有人會說盲人是不小心的，我們理解盲人確實有實際的生理限制，事實上，他們反而比視力正常的人更留意周圍環境。

正如前述的研究所指出的，對於患有類似ADHD的人，以及經歷過創傷的人，時間盲點尤其常見。然而，即使你沒被診斷出特定疾病，你仍可能有時間盲點的情況。全球疫情引發的混亂，很多人在各方面都面臨挑戰，不間斷的新聞和社群媒體循環也衝擊了我們掌握時間的能力。

無論原因是什麼，如果你總是難以掌控時間，這裡有一個關鍵點：

你的「時間盲點」越多，就會越發感到「時間焦慮」。

當你沒有很好地掌控時間時，會感到擔憂。你總是匆匆忙忙，從未感到安定。

那我們該怎麼辦？

雖然時間盲點可能令人挫折，但一旦你了解自己容易低估或高估某事所需的時間，或者容易失去時間流逝的感覺，只要對工作和生活模式做出一些改變，就能減輕其影響。

以下第一個建議是最重要的，其他建議則提供了實施它的技巧和範例。

一、讓時間在你的居家和工作區域更顯眼

不要試圖在腦海中記住時間。你有很多其他事情需要考慮，而將計時留給工作記憶並不是最有效的方式。事實上，有一種叫做「時鐘」的東西可以做得更好！

你的家不是賭場，賭場老闆會隱藏所有的時鐘，讓人們忘掉了時間。將時鐘放置在多個位置，最理想的是放在家中每個房間以及你會注意到的地方。

你或許可以將電腦螢幕保護程式設定為顯示時間，這樣當你離開一陣子返回時，時間將是你第一眼看到的東西。這不是要你一直查看時間，只是讓你輕鬆掌握時間的視覺提醒。

無論你選擇怎麼做，**都要讓時間更加顯眼可見**。這有助於解決時間盲點的第一部分，也就是不知不覺中失去了對時間的掌控。

（注意：除了家裡某些你不希望看到時間的地方，例如夜晚的臥室或專門用來放鬆的區域。但在其他各個地方，顯眼的時間提醒還是有幫助的。）

二、使用計時器、鬧鐘和日曆作為你的工作記憶

除了時鐘，計時器和日曆也是你的好朋友。你要考慮製作可視化的時間表或清單，為每項任務或活動設置明確的時間區塊。

設置多個鬧鐘，包括一個提前提醒你要出發到別處的鬧鐘。當然，你手機也有內建的鬧鐘程式，但你可能還需要一個便宜的計時鬧鐘，放在你的桌上。（你可以在網路以十五美元或更低的價格購買。）

再說一次，在腦中記錄時間總是會出錯的。你可能會以某種方式誤判。即使你把時間掌握得很準確，你卻耗費了本可以用在其他地方的精力。

解決方案：盡可能讓計時自動化。

三、讓計時變得感官化或多維化

經常經歷時間焦慮的人，往往對感官刺激有特別強烈的反應，無論正面或負面。當你處理時間盲點時，可以用有趣的方式加強良好的習慣，這會有所幫助。

以下是這方面的想法：

為不同活動創造特定時長的播放清單（例如，三十分鐘

的健身播放清單，或十五分鐘的晨間準備播放清單）。播放結束就是時間已到的聽覺提醒。

使用視覺計時器來替代或輔助傳統計時器。如果時鐘讓你感到壓力，那就換另一種計時器吧！很多計時器現在都有討喜的顏色，我桌上的是「夢幻橘」。這些產品有的是給兒童使用的，但對成年人也有幫助。你可以在 amazon 或其他零售商搜尋「視覺計時器」或「兒童視覺計時器」，選擇很多。

發揮創意。我在 Reddit 一個 ADHD 論壇上發現了這樣一個例子：「當我在弄頭髮時，我會播放音樂。我可以根據哪首歌曲來估算花了多少時間。這聽起來很奇怪，因為我浴室裡有時鐘，但不知怎地，音樂對我來說更有意義。」

我喜歡那樣的創意解決方案，找出適合你的方法！

四、注意那些「時間黑洞」：你長期低估了那些實際上花費許多時間的活動

第二種時間盲點表現形式，是難以估算完成任務所需的時間。為此，留意那些「時間黑洞」會有幫助：占據我們大量時間、卻未提供同等價值的活動或習慣。只要可能，我們都希望減少或消除這類活動。若我們無法剔除這些活動，就要在前期分配更多的時間給它們。

由於我是自僱者，收集稅務申報資料需要一些時間。我的業務結構需要季度更新，因此我也必須每年多次處理相關事務。即使我和一位出色的會計師合作並由他負責報稅，但仍有許多工作只有我能完成。

我知道蒐集表格和釐清支出不是可以快速完成的任務，但這是我必須完成的事。現在，每當需要更新稅務時，我會預留整整兩個小時處理這些事務。如果完成後我還有多餘的時間，那就太好了！但如果沒有提早完成，我也不會因為事情做到一半或中斷其他事而感到壓力。

五、當你有更多時間時，留意自己會如何拖延

另一種時間盲點可能會對你有利，但前提是你必須先理解它。當某項任務並不需要很長的時間就能完成，但你**認為**要很長的時間，所以高估了分配的時間。然後你一直盡可能地拖延，直到必須真的開始著手處理為止。

有些成效高、勤奮的學生會形成這種模式，進而誤以為拖延是一種可行的策略，並強化了拖延的習慣。

以下是一位學生寫給我的便條內容：

我本來認為準備這份作業需要一個小時，後來我拖延了四十分鐘。結果我只花

了十分鐘就準備好了，所以我有多餘的時間完成。

所以，這種情況和準備稅務正好相反（稅務總是比預期花更長的時間）。真正的問題可能在於逃避或恐懼，我們在其他章節會進一步探討這一點。

這裡有一個訣竅，當你發現自己在想：「唉，這會花很長時間！」這就是提醒你應該挑戰這種想法的時候。你可以試看看執行那令人害怕的任務，了解實際上需要多少時間。

在日常生活中越容易察覺時間，時間盲點的負面影響就會越少。藉由挑戰自己對任務所需時間的低估或高估，你可以更加順利開始和完成任務，減少壓力。

最後，再次強調整本書會一直重複的建議：無論做什麼，一次只做一件事。要轉去做其他事情之前，請帶著意圖和目的去做。當你可以做到這點時，就會更專注於手上的任務，對其他要進行的事也會感到壓力減少許多。

時間盲點是一種認知扭曲，會導致你遲到、想做太多的事，以及感到緊張忙亂或失控。

練習　預留更多的時間

每次約會提前十到十五分鐘出發。

你知道每當你在出門前試圖再做一件事，結果卻遲到的感覺嗎？即使你可以準時到達，半路上你仍會**擔心**趕不上。你會匆忙出門，在路上匆匆忙忙整理自己，最終慌亂不安地赴約，而不是冷靜地準備好迎接任何狀況。

我也會這樣，不過我正在調整不要這樣。

問題在於，你常常錯估所需的時間。不一定是你出錯，但最後還是遲到了。交通路況或搭乘公共運輸會多花幾分鐘，你沒有考慮到電梯、人行道或停車所需的等待時間。即使是線上會議，你還是需要準備和安排。

預防這些問題（或至少大多數問題）的方法很簡單：**留出比你預期更多的時間**。這很簡單！至少當你叫自己去做的時候很簡單。

額外的時間要多少才算足夠？普遍上是十分鐘到十五分鐘。最壞的情況只是你稍早到達約會地點。帶本書吧。

在你行動之前，抗拒再塞入一件事情的衝動。留出比你預期更多的時間，讓一切變得更好。

我要努力工作。我要比之前更早一小時
起床，征服早晨。我行事曆上的事項要
排列。我要學會多工作業。待辦
實現一項
備好。晚上
睡覺。我每天下班
會我都要提早十五分
子郵件我都要一一回

4 反學習

如果你有時間焦慮，可能是你過去接收了一些不適當的建議，請留意這些常見的建議，**以後就可以忽略它們**。

想想這個問題：

學習的反面是什麼？

「遺忘」是最直接的答案，但遺忘就像呼吸，是一個無意識的過程：出門時忘記帶鑰匙，或忘記為了考試而記下的內容。

對我們而言，「學習」更好的反面是「反學習」。反學習指刻意拋棄先前獲得的知識、信仰或行為。與遺忘不同，反學習是有意識地重新評估之前的理解，騰出空間接受新的資訊。遺忘是被動的，反學習是主動的。

反學習某些事物，可能和學習一樣有幫助。一些有讀寫障礙或其他學習障礙的人，他們認為自己在閱讀方面永遠有困難，因此放棄嘗試。我的朋友卡蕾莉亞曾告訴我，她成年後有好幾年不再閱讀書籍，儘管她真的很喜歡學習，所以她覺得很難過。她最近發現了有聲書，並且每週都在狂聽新書。

有聲書已經存在一段時間了，但卡蕾莉亞說，她曾經在某個時刻內化了一種錯誤的信念，認為聽書「不算」閱讀，甚至為此感到羞愧。

身為一名作家，我很樂意告訴你：有聲書完全沒有問題！電子書或其他有助於學習的東西都一樣。一旦卡蕾莉亞意識到自己對有聲書的看法是錯誤的，她的生活變得更好了。

簡而言之，如果你想改變、成長或改進自己，反學習是很重要的。因此，談到時間焦慮時，你要反學習的是什麼？

「只要按優先順序處理」和其他糟糕的建議

即使沒人教你太多關於時間的觀點，但你可能接收過一些建議。如果時間一直是你掙扎的難事，那很有可能你太常接收到（糟糕的）建議了。

這種建議清單上的第一件事，通常是：「設定優先事項」，或者「學會更好地設定優先順序」。

- 設定優先次序。
- 不要再分心了。
- 別擔心。

我猜想，關於「優先事項」的說法，你已經聽過某些版本了。但這究竟是什麼意思？優先事項是否存在等級制度？你該如何處理相互競爭的優先順序？當別人的優先事項侵犯到你的優先事項，又該怎麼辦？

僅僅是列出你的首要優先事項，並不能讓你獲得多少進展，你不可避免還是會回到原點：試圖確定「把一切都安排妥當」，並懷疑自己是否真的從正確的事情開始做起。

你可能會聽到的另一個建議是「避免分心」。

當然，好吧，那你做得如何？每個人都會分心，總是如此。我們能（也應該）努力消除盡可能多的、令人分心的事物。這會有點幫助，但就像優先排序一樣，減少分心並不能消除時間焦慮。

除了這些一般的觀察，你可能也熟悉一些具體的建議，這些建議也許來自好心人，或者是你曾經在某個時刻嘗試逼迫自己接受的想法：

「早起一小時，更努力工作。」

無數勵志影片和暢銷書籍都在傳遞這種訊息，但效果大約只有兩天。然後，幾乎每一晚，你都發現你的身體需要睡足一定的時間。除了更焦慮外，剝奪睡眠並不是一個可持續的策略。

而且，如果你已經早起並且努力工作了呢？我認識的一位作家，給了我一個讓人惱火的建議：要我更早起床。「現在早上五點起床已經不夠用了。」他在一次談話中說道。依照這邏輯，我不禁疑惑，我們為什麼還需要睡覺呢？很快這個人就會每天在午夜入睡，然後凌晨一點醒來，如果人類能夠做到這種地步的話。

「徹底規畫你的生活，細緻到每日以十五分鐘為單位。」

對某些人來說，緊湊的時程安排是有幫助的。大多數人是在有彈性的時間安排下表現得更好，這樣的安排能配合他們的精力狀態、環境，以及對外界刺激的承受程度。

對於成就高的人來說，過度安排時間也可能是一種迴避策略，我們稍後會探討這一點。當你忙到無暇思考自己的生活時，你會以眼前看似緊急的事件為藉口，拖延那些需要主動做出的決定。你以為自己在做正確的事，其實你只是讓自己忙碌而已。

「聘請虛擬助理，並開始外包你不想做的任務。」

那麼，你現在是不是又有其他事情要管理和操心了？已經數不清有多少人跟我說過，他們試了這項建議後，最終只覺得自己像個失敗者。

外包的另一個問題是：時間焦慮不僅僅來自你不想做的事情（因此你才會想交給其他人去做），也源自於很多你**想要**做、卻又相互矛盾的事情。

「別再偷懶了。」

給你的新聞快訊：即使你以為自己懶惰，其實你並不懶。你很可能在執行上有困難（例如啟動任務、規畫和專注）。你要學習技能，而不是停止「懶惰」。

你所謂的懶惰，其實也是一種**習得無助**的策略。這是一種心理狀態，個體由於反復接觸不愉快的事件而感到無力改變自己的處境。簡而言之，**當你覺得自己無法掌控某件事情時，就會停止試著改變局面，即使是有可能改變的**。

例如，你是一位老師，需要批改作業到深夜，讓你疲憊和不滿，但你根本沒有時間和精力去考慮其他工作方式，例如給學生更多自我評分的作業。

或許你還是可以在某些任務上超級集中注意力，這樣當然不錯，但也會讓你感到非常疲憊，進而無法處理那些看起來簡單或容易的任務。這和懶惰無關。

被誤以為懶惰的原因

A. 缺乏支持

B. 未發展執行技能

C. 負面自我對話

D. 摩擦迴圈（編：見13章）

帶你走到這裡的方法，未必能帶你走到下一個目的地

我是那種從未想過要尋求幫助的典型客戶，直到我生命中經歷了一段特別黑暗的時期，才接受治療。我看不到出路，情況感覺絕望。

治療師聆聽了我的故事，雖然問了些問題，但並沒有給予太多回應。最後，我不得不問：「那你覺得如何？」顯然，我在尋求她的認同。我想知道和她的其他客戶相比，我的能力處於哪個段位。我想要一個等級，也許是一枚金星。

她停頓了一下。「聽起來你擁有很多技能。」她委婉地說：「但你現在需要解決的問題不同於以往。這些問題和你之前面對的不同，所以你要學習新的技能。」

我沒有得到金星，但正是那次最初的晤談中，我學到了重要的一課：**把我帶到這裡的能力，無法帶我走向接下來的目標。**我不能僅是更加努力工作，我無法期待宇宙屈從於我的意志。

這對我來說是一個全新的開始。我有很多東西要學，但了解到自己必須以不同的方式來處理事情，對我非常有幫助。

當我們遇到問題時，自然會用以往解決其他挑戰的方式來應對，然而這種看似順其自然的做法，並不一定是正確的解方。俗話說，手裡有錘子，看什麼都像釘子。例如：

- 如果你是一個高成就者，喜歡高效率，你會嘗試更加努力工作。
- 如果你比較隨和、放鬆或偏向精神層面，你往往會停止嘗試並選擇退出。
- 如果你傾向於迴避困難，你就會拖延或轉移注意力。
- 如果你的本能是僵住不動，那你就會如此，然後過度思考，不採取行動。
- 如果你是個取悅他人的人，你會一直將他人的時間擺在自己的時間之前。

這些方法都不能有效緩解時間焦慮，努力做著錯誤的事只會帶來挫折，這是我必須學習的關鍵課題。另一方面，放棄和退出（或是僵住不動）會導致後悔和更多的疑問。多年後，你會想：是不是我當年沒看到另一條出路？

無論如何，你需要新的工具。在面對時間焦慮時，你必須記住：**帶你走到這裡的方法，未必能帶你走到下一個目的地。**

反學習無益的事物

反學習一些無益的建議，並以更適合自己的方式重新詮釋，可以大大減少時間焦慮。首先，找出一項對你無效的傳統時間管理建議。

你可能已經有一些想法，這裡例舉幾個幾乎**沒有幫助**的建議：

- 「固守嚴格的時間表。」
- 「消除所有不必要的任務。」
- 「把每一分鐘空閒時間都用在有生產力的事情上。」

接下來，請思考為什麼這項建議對你來說無益。答案可能顯而易見，也可能需要仔細思考。

最後，將建議改寫為更有幫助的內容。例如：

- 「建立一套有彈性的日常作息。」以彈性時間區塊規畫你的一天，能依據當下的感覺和待完成事項進行調整。
- 「平衡必要和愉快的任務。」即使看似不必要，也要納入那些能帶來快樂和心理健康的任務。
- 「重視休息時間和放鬆。」除了工作及其他需要完成的事外，也知道休息和閒暇的重要性。

通過積極逐項挑戰和替換建議，你可以發展出更具支持性的方法，來管理你的時間決策。

如你所見，時間焦慮是一種常見的問題，並有許多無益的建議解決方案。我提到的那些只是小部分清單，或許你也能想到一些你曾聽過的建議，雖然是善意的，但實際上卻無濟於事。完整的無益建議清單可以無限延伸，取決於許多因素，包括你的成長環境、職業或行業，以及你關注的專家或社群媒體。

你可能也意識到，一直做同樣的事，卻期望得到不同的結果是沒有幫助的。當你逐漸反學習那些無用的建議時，也必須以正確的方式處理問題。

現在你最需要知道的是，只有當你做出改變時，事情才會有所不同。當你在一段很忙碌的時期，會很容易把事情延後，你可能會說稍後來解決這個問題，但問問自己：「我真的會這樣做嗎？」

如果你和我一樣，事情就會一件接一件而來。時間焦慮不會像變魔術那樣得到改善。還有，如果時間焦慮者若有共通點的話，那就是我們很擅長拖延。在下一章中，我們會探討對你無益的「時間規則」。然後，你會制定新的規則，可以更滿足你的需求。

幸運的是，你可以把至今吸收的一些無益建議，透過反學習拋棄或改組它們。重新思考你和時間的關係，反學習讓你感覺更好，收穫更多。

練習 揭露時間焦慮的陷阱

探索你對無力感的反應是否加劇你的焦慮情緒

有時候，當我們試圖管理時間並取悅他人時，反而會不自覺讓時間焦慮感變得更加嚴重。這段簡短的自我反思，旨在幫助你辨識這種行為模式。

請花幾分鐘思考以下問題，並誠實回答。這裡沒有對錯之分。

一、過去這一週，你有多少次說了「是」，而你其實想說的是「不」呢？

- 你害怕如果拒絕會發生什麼事？
- 說「是」會如何影響你的時間和壓力程度？

二、想想最近一次你選擇做一件不太緊急的事情（例如整理衣櫃）而不是更重要的事情（例如預約看醫生）。

- 當你做出這個選擇時，你感覺到的情緒是什麼？
- 那時你的腦海中在想些什麼？

三、你生活中是否有些重複的任務，讓你花了比實際所需更多的時間？

- 為什麼你認為自己還沒有找到更快的方法來完成這些任務呢？
- 以不同的方式處理這些任務會是什麼感覺？

意識到問題是改變的第一步。辨別出這些模式，你就已經邁向和時間建立更健康的關係了。

5 時間規則是為了服務你而存在的（你的存在不是為了服務時間規則）

在我們都遵循一系列「時間規則」和自我施加的限制。有些規則很有幫助，有些則不是。

在你未曾想過的情況下，你可能正按照一系列的「時間規則」過日子。這些規則可以是你為自己制定的，或是在生活中和工作文化中存在的。時間規則支配了你如何花費時間。這些規則往往是不成文的，但它們卻深刻融入日常生活中，影響各種決策。

讓我們從一項簡單的規則開始：守時。「準時」的定義會因情境和情況的不同而有非常大的差異。

在我二十多歲的那幾年裡，我住在一艘部署於西非的醫療船上。在那段時間我了解到，協調會議的時間能有多麼不同，尤其是在農村地區。「村莊時間」意味著會議將在預定時間的三十分鐘、一小時，甚至更久之後才開始。有時候，對時間解讀的文化差異導致衝突和混淆。

或者，說說吃飯時間吧。「晚餐時間」是什麼時候？有些人喜歡在隨心所欲的時段吃東西，但在其他的家庭，晚餐是有固定時間的。他們不鼓勵你在限定的時段之前或之後吃東西，有時甚至會受到懲罰。

除非你已經移居國外，因為婚姻而進入了和原生家庭不同的家庭結構，或是做了其他重大的生活改變，否則你所認為的晚餐時間，和你成長過程密切相關。

個人時間規則

之前提到的是社會時間規則的例子，你也有自己的時間規則，可能在有意或無意間為自己設立的。

一些常見的規則包括：

「我每天必須早上六點起床，才能保持高效率。」

「如果沒有完成我的晨間例行事件，就無法開始工作。」

「我會在一小時內回覆電話。」

「我當天就會回覆收到的電子郵件，無一例外。」

「如果我開始一項專案，就會堅持到底。」

「我必須完成所有待辦事項，才能入睡。」

雖然值得稱讚，但這些規則可能會把你推向不健康的極端。我認識一個人，她在早上生產後幾個小時，就在醫院參與了電話工作會議。（後來她承認這很不明智）

我也認識多位因努力達到自我設定的高標準，而徹底筋疲力竭的人。

其他問題包括思維過度僵化，即使打破或修改規則對你更有利，也不願意這麼做。又例如過於痴迷監控時間，以至於無法在當下放鬆，更別說提高生產力了。

總體來說，這類全有或全無的時間規則，注定會失敗。如前所述，這些規則可能導致對生產力、「數位排毒」和其他策略過於執著，但這些策略不可避免地無法達到預期效果。

當然，還有更好的方法。

~~我一定要在晚上十點前關掉手機~~

我一般會在晚上十點前關掉手機。

重構時間規則

首先，辨別出目前形塑你日常生活的時間規則。這些規則可以是個人的，例如「我必須在當天回覆每封電子郵件」，或者是社會性的，例如守時或用餐時間。

一旦確定了你的時間規則，對著每條規則問自己以下問題：

一、這條規則是否能促進我的生活福祉，且符合我的價值觀？（如果不符合，我能否重新建構它？）

二、這條規則是否過於僵硬或不靈活，若我無法完美遵循時，會造成壓力或焦慮嗎？

三、如果我違反或修改這條規則會怎麼樣？

例如，你有一條「我必須堅持完成一項專案」的個人規則，你可以重新將之定義為「我允許自己依情況重新評估和調整我的承諾」。

接下來，建立一套新的時間規則，反映出你理想的時間關係。這些規則應該是靈活的，這樣當生活不可避免地偏離計畫時，才能對自己寬容和慈悲。此外，這些規則應該專注於你的福祉，而不是專注在僵化的生產力。可能是如下的例子：

・我會優先考慮自我照顧和休息，並了解休息時間對我的福祉和生產力至關重要。

・我會為自己和他人設定現實的期望，承認完美主義並非總是必要或可以達成的。

・我會練習正念和專注於當下，把注意力放在手頭上的任務，而不是一直擔心未來或沉溺於過去。

・我會定期重新評估我的承諾和優先事項，根據需要調整，以確保和我的價值觀及目標一致。

記住，這些新的時間規則是為了服務你，而不是反過來。重新建構時間規則，可以讓你的時間觀念從稀缺轉變為豐盈，和時間培養更積極的關係，從而使自己更加活在當下，且充滿目標。

時間規則必須有所幫助，否則就不要

除了重新建構現有的規則外，你還要制定一些新的時間規則。其中一個可能是關於時間盲點的：「預留比你認為的多一點時間」。

我馬上會列出一些對你有幫助的時間規則。然而，我將這一章最重要的部分直接放在標題上：**時間規則是為了服務你。你不是為了服務時間規則而存在的。**

時間規則應該讓你的生活更輕鬆、更好。如果這些規則讓你的生活變得更艱難，你就要放棄或改變它。

記住上述的聲明，以下是一些時間規則建議。

- **設定時間讓手機「上床睡覺」**。建議在你睡覺前至少兩個小時，如果還是太難，可以從一小時開始。設置鬧鐘，將手機放在充電處，然後祝它晚安。
- **提前決定如何分配大部分工作時間**。為工作日設立最多三個優先事項。如果你大部分時間會花在會議或其他預定工作上，則最多兩個優先事項。
- **早上第一件事就是散步至少十五分鐘**。許多養狗人士已把這項習慣融入日常生活了。如果沒養狗，就假裝牽著你的虛擬寵物去散步，開始一天的生活。
- **一天中某個固定時間查看和回覆訊息**。不要區分優先級別。盡可能關閉大多數的通知。
- **為過渡階段建立明確的界限**。例如從一項計畫轉到另一項計畫，或從工作轉到休息。（就像為約會預留比預期更長的時間是有幫助的，過渡期通常比我們預料的時間要長。）

許多時間規則和**習慣堆疊**是相輔相成的。習慣堆疊這概念認為，如果習慣能夠互相建立，就能養成持久的習慣。例如，當你規畫更多的過渡時間時，會感到不那麼匆忙，就可以更加專注於接下來該做的事情。

請記住，如果你太執著於這些規則，它們可能就無法幫助你。時間規則的存在是為了服務你，而不是你去服務時間規則。當規則無效時，就要制定新的規則。

練習　你過去四十分鐘的價值如何？

有個簡單的方法來減少浪費時間，不管是你的還是別人的時間

在一天中的任何時刻，停下來問自己一個簡單的問題：「我剛過去的四十分鐘是怎麼度過的？」想想過去這段時間是否有用、有效率或有趣？

- 你學到了什麼嗎？
- 你幫到別人嗎？
- 你玩得開心嗎？
- 你有在其中一個目標上取得進展嗎？

如果你有明顯的答案，那就太好了。如果沒有，調整一下並試試別的事，可能會有幫助。接下來的四十分鐘，你可以怎樣更好地利用時間呢？

請注意，「有價值的」事情很多，不僅只是更有效率！放鬆一下，或和孩子、朋友共度時光，也是非常有價值的。

無論你認為什麼事物有價值，都要在生活中增加有價值事物的比例。

什麼都不做的問題在於與其
他形式的心理障礙不同，
創傷的核心問題在於現實。

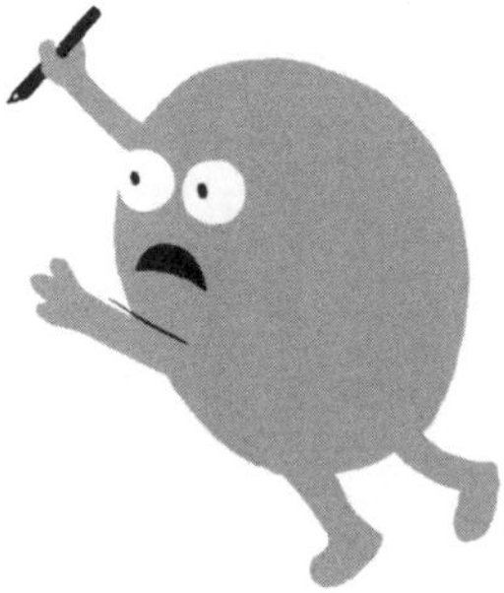

——貝塞爾・范德科爾克

主題：
來了解進度
第三次詢問了
想連絡上你…
請盡快回覆我
轉寄：哈囉？!？
請回應
你還活著嗎？
哈囉？!？
你真糟糕。

6 收件匣的羞愧感

許多提高生產力的方法，把收件匣視為一個特殊的地方，但有些人已經開始將收件匣視為地獄的一角。

「克里斯，你在嗎？我們需要你的回覆。」

這就是來自非營利組織活動經理第三封電子郵件的開端。幾個月前，我們曾談過他們計畫的一場大型募款活動。他們邀我參加他們舉辦的一場線上高峰會，或說他們曾經想邀我參加。

然而，在一次令人鼓舞的初步交談後，我卻銷聲匿跡了。他們寄來電子郵件，要求我提供簡歷和演講者資料，我沒有回覆。我沒有點開下次開會行程的訊息。儘管我後來查看郵件應用程式，至少我有點開其中一封後續郵件，但完全沒有回覆他們。

這和錢無關。如果企業要贊助我的 Podcast，我卻錯過了，我當然會不開心，但沒這次的感受這麼糟。這次事件沒有涉及金錢；這非營利組織由我朋友經營，他們也支持某項我所認同的事業。然而，現在我卻辜負了我的朋友、組織，當然還有我自己。

隔天，我告訴自己，我可能會以不同的方式，又重犯一次。

這種循環不是我的幻想，我真的失誤了，讓大家失望了。此外，這種情況不是發生在我繁忙的時段，比如有書稿要交，或有大型計畫在進行。這種循環已經成為我正常的運作方式了。

我回覆每一封郵件的開頭，幾乎都是同一句話：「很抱歉晚回覆了。」對這樣的開頭，大多數人反應都很有禮貌。不管是什麼季節或情況，他們都會回應：「很酷，這年頭事情都很瘋狂！」**他們會回覆**，這又創造了另一個溝通循環，而我們一來一往的訊息，又將這個循環放大了幾倍。我沒有遏止循環的流動，只是再次跟上這股循環。

沒錯，我自己也不喜歡這樣的感覺，好像和他人的溝通，都覺得是自己的空間受到侵犯。大多數情況下，只要不是太多的訊息，這些人的意見我都會想聽聽。我不擔心忽略掉垃圾郵件、推銷訊息，甚至一些不需要回覆的留言。但這些我都能相安無事，讓我有溺水之感的，是其他的事情。

我同事和親近友人已經習慣這樣一件事了：如果問我問題，可能不會得到我的回覆。很明顯，任何有心人（甚至是我自己，儘管我沒有特別留意）一定可以看出我又沒跟上了。事實上，我很感激那些因為沒等到我消息，而直接跟我說他們很失望的人。我理解他們的觀點，我也對自己很失望！

有一次我做了個惡夢。在夢裡，我忘了回覆一封朋友六個月前寄來的、關於報帳的郵件。我滿身大汗醒來，在想自己是否真的始終忽略了他們的訊息。我決定早上起床立即查看，但怕忘了就在手機上記下。

隔天早上，我很驚訝自己不看手機還記得那個夢，結果事實上是我沒有做筆記。**在我的夢中**，我打開了任務管理應用程式，添加了一條筆記：「查看報帳情況。」

在那一刻，原來整個過程——遺失郵件、提醒、承諾自己要盡力回覆——已深深鑲嵌在我心中。

我知道這聽起來有點可笑：**我竟然夢見了一封電子郵件的惡夢**。但壓力是真實存在的！這場惡夢是一種潛意識的認知扭曲，強化了我自己永遠無法改善溝通能力的念頭。因溝通落後而承受的心理痛苦，也是真實的。

即使我身在愉快的事件中，時間焦慮也一直如影隨形。無論到哪個喜歡的地方旅行、從事什麼有趣的活動，不管身處何地、正在做什麼，這種感覺總是如影隨形。痛苦剝奪了我感受當下的能力。我該如何趕上？我不斷思索。偶爾我確實能把大部分的事項處理完成，但那種難得的「收件匣歸零」的餘韻感，往往維持不了多久。

當你溺水時，不能只是游得更快

如果你有這種感受，或許細節不同，但每天都是類似的罪惡感和焦慮感，你並不孤單。在我進行有關時間焦慮的調查和訪談時，了解到這種情緒其實滿常見的。有位讀者寫道：「有時我無法呼吸。我會偏頭痛。我在半夜醒來，回想我可能忘記回的電話。」

無法理解的人可能會覺得這很奇怪。人們真的對錯過的訊息會感到如此緊張嗎？時間焦慮感不會以這樣的方式影響每個人，但沒錯，遺漏訊息確實是許多人面臨的主要問題。我們已經內化了這種信念，認為隨時待命，甚至只是單純地回應一下，就等同於卓越。

那麼，解決這種苦惱的方法是什麼呢？首先，我們來看看它「不是」什麼。答案不只是**變得更有條理**，經過許多經驗和嘗試後，我可以告訴你，僅靠組織條理本身無法解決問題。我很快會給你一些具體的建議，但你更應該知道的是，試圖永遠掌控一切，是災難的根源。

讓我們看看很受歡迎的「搞定」工作法（GTD），是否可以解決這個問題。對於所有困擾你的事情，這方法建議你先「把它們從腦海中釋放出來」，也就是說，將所有在你腦中的事物以書面形式記錄下來。接著，你會根據一套規則，逐一檢視這些項目，並將它們「轉化」為任務與補充資料。

有道理，但這種方法存在的第一個問題是：一部分困擾你的事，確實存在你腦海中，但更多的問題則是躺在你的收件匣裡，如果考慮到所有不同的數位平台，訊息可能會堆積在多個收件匣裡。

GTD將收件匣視為一個特殊的地方，然而我們許多人卻將收件匣視為地獄的一角。它是無法馴服的野獸，即使剛吃飽，還是渴望得到餵食。

問題二：如果你能成功地「捕捉」到腦海中所有的任務，那你現在就又多了一份清單。你不是已經有某種類型的清單了嗎？清單既不是問題，也不是解決方案。（它們只是清單。）

無論選擇哪種流程，GTD和其他生產力方法都認為只要改進工作習慣，就能應對所有迎面而來的挑戰。**為洪水做好準備**，這句話鼓勵了你。**堅持立場**。

簡而言之，它們的建議療法就是你要成為超人。（有趣的是，科技達人青睞的一款熱門電子郵件應用程式，就叫做Superhuman，這個名字可不低調啊！）

請想看看，如果完全按照這個操作系統生活，最終理想的狀態，你會成為一位很棒的管理者，幫助他人實現夢想和目標；你也會成為郵件處理高手，自己找到一條道路，靈活穿梭於會議提醒、意見徵詢，以及你已取消訂閱但仍會收到的電子報之間。最終，你總會以某種方式符合他人的期望。

做得好！明天你還得再做一次。

在生命的盡頭，你可以驕傲地回顧說：「我的會議紀錄總是寫得很完整。我總是回覆蘇珊的電話。我經常準時參加視訊會議。」

人生不應該是這樣的。

或者，你可以選擇另一條路：承認自己無法成為超人，坦然接受永遠無法即時回應各種溝通的事實，然後盡你所能、用你渴望的方式，好好過生活。

你依然可以擁有系統和工具，只需重新思考一下，如何「掌控」你的收件匣。

電子郵件生存技巧

下列建議可以修改和應用於任何經常性的溝通，包括工作平台、群組聊天或私人訊息：

- 以「延遲發送」分批回覆。這可以讓你避開過度回應的陷阱，同時可減少整天的電子郵件往返。
- 如果你對點開和閱讀郵件感到焦慮（這經常發生在我身上），要知道這種情緒不會隨著時間推移而好轉。你最好正面面對這個問題，花幾分鐘時間決定下一步行動，比如快速回覆對方確認收到郵件。

- 比起長篇回應，簡短回覆更佳。例如「我們來談談這個」是一種很好的確認訊息方法，且花不到半小時回覆。（有需要另約時間談談嗎？有時需要，有時不需要。之後的郵件自然會提到，省去事先主動安排的麻煩。）
- 扮演一名回覆電子郵件的演員。我在 Reddit 上看到一位網友分享這個想法，以回應一名被收件匣壓得喘不過氣的學生：

> 我想到一個解決方法。聽起來有點搞笑，但對我來說很有用：**我在腦海中假裝自己在演戲，扮演著世界上最會回覆電子郵件的人**。假設你有一封電子郵件要回，別擔心，你不必回覆，你只要演繹一個回覆電子郵件的人就行了。在腦海中，你是在扮演一個角色、是在演戲。所以，無需為此擔心。我知道這聽起來有點怪，但我保證，它真的有效。

再說一次，你不可能完美處理你的收件匣。前面的建議旨在幫助你更聰明、更快速地工作，如果你可以放掉掌控收件匣的執著，效果會更好。

反應迅速並非最有價值

想要克服滿滿的收件匣所帶來的負擔，其實就像面對人生一樣：你可以盡情嘗試各種「破解」的方法，但到頭來，每個人的結局都是一樣的。最好與此和平相處，繼續生活下去。

經歷收件匣羞愧感的循環後，我對那些曾經試圖聯繫的人有了不同的看法。當我開始寫書時，我透過電子郵件聯繫那些曾經啟發過我的作者。大部分都會在適當的時間內以簡短的訊息回應我。但有些作者依然聯繫不上，不管是後續追蹤，甚至透過共同朋友介紹，都無法取得回應。

當時我很尊敬那些親自回覆我的作者，而覺得沒回覆我的作者有些冷漠。現在的我，也面臨回覆電子郵件的困難，反而意識到那些刻意沉默寡言的人，可能有他們自己的道理。

他們不是刻意無禮，只是感到不知所措！我寄去的電子郵件或私訊，他們沒有優先處理，也是合情合理的。

那我怎麼應對自己的收件匣羞愧感呢？我不再假裝自己是積極反應的人。每年一月，我都會進行一種「電子郵件破產」的做法，也就是直接將前一年沒回覆的郵件通通存檔。我之前也做過類似的事，但我當時還會不好意思地發訊息給所有連絡人，解釋說如果他們還有需要我處理的事，請再重寄郵件給我。

我現在不這麼做了，只是將其存檔。如果我稍後需要讀取某封信件，只要搜尋一下就好了。這樣我就可以更從容了。

做過的事已成定局，我想在這種情況下，未完成的事也已成定局。

剛開始我會感到痛苦，自己竟然會無視那麼多未回覆的訊息啊！但這種痛苦是短暫的，因為一旦收件匣清空後，我就可以更快地回應較新的訊息了，至少在那段時間裡是這樣。

我也更新了自己的優先設定，可以更快看到來自特定幾個人的訊息。我學會更加專注在相似主題的訊息，而不是所有的訊息。

不過，別誤會，如何讓收件匣運作得如同一台運轉良好的機器，才是我所關心的問題所在，而非我的解決方案。儘管那些方法多少有些幫助，但真正帶來更大的改變的，是另一種做法。

做自己能做到的

在日復一日躲避我的收件匣後，我決定將它們變成一種儀式。這個儀式就是在特定時間內盡我所能回覆，不去擔憂其他的郵件。回覆所有郵件不再是我的目標，我並不打算追求完美，但也不想全然退縮。

處理收件匣就這麼簡單。只要設置一個二十分鐘的計時器，然後盡力而為。你還有很多訊息沒回覆嗎？挑最緊急的，並在這段時間內回應。你要打草稿嗎？開始寫吧！

這有點像番茄鐘工作法，不同的是，你追蹤的進度不是依據剩下的工作量（大海永遠不會乾涸！），而是根據你可以完成的工作。

這一點值得重申：當時間結束時，你應該慶祝已經完成的事，而不要老想著尚未完成的事。你可以稍後再來一輪，或在短暫休息後馬上繼續，如果你覺得可以的話。只要記住一點：你不是要贏得這場戰爭，你只是盡自己所能，在保持人性的同時，盡量把事情做得周全。

如果情況允許，可以優先考慮這些項目：

- 任何緊急或極為重要的事項＊
- 能真正幫助別人的事，即使只是小小的力量
- 讓你感覺良好的事
- 主動積極的事物，而不只是積極反應的事

將這種習慣和積極注意力結合起來，感受用這種方式「完成事情」的感覺：不是以完成作為目標，而是以進步作為練習。

我想跟你說，我最後解決了那封來自非營利組織郵件的問題。在這則浪漫喜劇版的商業故事中，說明我一開始沒積極回應他其實是件好事，因為結果……我也不確定，不知怎地，情況變得更好了？

我保證只說真實的故事。在那封電子郵件之後沒發生什麼事，只是我感到不舒服，我試著更加努力，而這份努力最後讓我體會到上面提到的「做自己能做到的」。這就是所有可能的結果！因此，自從那時起，在類似的情況下，我一直這麼

＊判斷事情是否緊急或重要，篩選標準要設得高。人生大多數事情並非如此緊急或重要，但我們很容易陷入讓他人設定的優先順序中。

做，雖然我知道有時我會做錯。

或許目標可以實現，但有時候放棄目標並不可恥。隨著生活越來越忙碌，你根本無法對所有事情做出回應。你偶爾會覺得自己超乎常人，但這只是假象。長遠來看，這種感覺會讓你對所有未完成的事情感到焦慮，然後你會因為感到焦慮而焦慮。

同時要留意的是，也不要完全放棄你的責任。那是挫敗的另一種形式，對於你因無法回應而感到的羞愧沒有任何幫助。這就是為什麼最佳的方式是做你可以做到的，其他的就順其自然。你現在還在這裡。你不能事事兼顧，但你可以做到一些。抬頭挺胸去做那件事吧。

過度反應不等於卓越、幸福，甚至也不是最好地利用了我們有限的時間。我們必須設立自己的界限，因為沒有人會替你設定。

練習　和朋友一起制定「不內疚規則」

雙方承諾不要因沒連絡而感到內疚，以此和終生好友建立更深刻的關係。你們隨時都可以聯繫上的！

我打賭，你至少有一個朋友是不定時會聊一下天，但不會一直聯繫的。無論是透過文字、語音訊息、電子郵件或其他媒介溝通，你們都持續長時間的討論話題。有時候，當你欠別人一個回覆時，隨著時間流逝，你可能會開始感到焦慮。焦慮感變成了內疚（或者說，焦慮感依然存在，內疚感也隨之而來！），直到你回覆為止，通常開頭都是一長串的道歉。

處理這種情況我有更好的方法。

多年來，我的朋友傑瑪和我斷斷續續互發簡訊和語音留言。我們不是每天都交談，有時候甚至幾週或幾個月都沒連絡。但我們一見面，就彷彿昨天才見過面那麼熟悉。

我忘了是朋友或我提出了這項建議，但有時候我們的溝通就採用這個「不內疚規則」。我們都知道對方很忙，在訊息來回過程中都會拖延到。我們知道，晚些回覆並不代表我們不重視這段關係。同樣地，重新聯繫是因為你重視這段關係，而不是出於內疚。（再說一次：忙碌時減少連絡，不代表你不重視這段關係，而過一段時間再聯繫時，恰恰顯示這段關係的重要性。）

單純地不感到內疚——坦白承認這一點很重要——能夠消除過於積極的關係中的負面情緒。接下來，當你有時間進行更多溝通時，就可以省略冗長的道歉，直接回到精采的部分。

把這段故事內容拍照傳給你那位朋友，未來你們可能用得上不內疚規則。

7 時間管理的魔法思考

時間管理這則強大的故事，完全是建立在錯誤的前提之上的。

好，讓我們放鬆一下。一本關於時間焦慮的書不應該讓你比以前更加焦慮！重點在於，思考那些困難的事——即使是面對排他性選擇的困難——能幫我們活得更有目標。我們可以對未來充滿希望，並把今天活得更美好。我稍後會再回來談這件事。目前，我們不妨考慮些簡單的事情：聖誕老人。你應該聽說過他吧？

根據成長的地點和模式，你可能從小就聽過聖誕老人的事。然而，在童年的某個階段，或許這則聖誕老人神話就被打破了。你知道並沒有一位來自北極圈的男子，在每年十二月二十四日環遊世界，為每個家庭的孩子留下禮物。（故事很美好，直到你懂得物流件事為止。）

相信有聖誕老人，對大多數孩子來說是沒什麼傷害的。但有一種許多成年人堅信的神話，而這神話的危害就大得多了。如果你在閱讀這本書，很可能你已經被灌注了一種具有侵略性的神話故事。這神話所帶來的後果遠比童話故事更加深遠。

這則神話是：你可以管理時間。

你有聽過時間管理吧？開玩笑的，當然有啦。你每天都聽到這件事。這則寓言故事以無數種方式傳頌，從生產力暢銷書籍到社群網絡上的影片。

在亞馬遜網路書店上，有超過六萬本書提到「時間管理」。只需支付七萬五千美元的低廉費用，你的公司即可聘請一位演講者，他會激勵你的員工，並提供關於時間管理的「建議」。

然而，這整個概念本身就存在根本性的錯誤。時間獨立於我們而存在，它不喜歡被告知該做什麼。時間在你睡覺時流逝、在你拖延時流逝、在你擔心時間不夠用時流逝，或在你享受人生幸福時流逝。在上述和其他的情況下，時間持續向前邁進。

時間也是世界上最重要的不可再生資源。如果你牛奶用完了，可以去商店買。如果你沒錢了，可以找方法賺更多。但如果你時間用完了，就結束了。

對時間管理的誤解，深深影響了我們現代生活的許多方面，尤其是西方世界。有人鼓勵你去買本精美的筆記，學習新方法或系統，並養成高效能的習慣，從而更好地管理一個極其獨立的資源。你的工作在這種虛構的學科中表現卓越，而獲得獎勵。因此，你盡責地嘗試一切方法最大化利用時間，整理出更好的清單，兼顧更多的義務，成為一個更好的人，或至少成為一個更勤奮的人。

然而，最後你還是感到壓力重重，感到不知所措。有些事是你覺得應該去做，但卻沒做的。有些事你正在做，想停止卻不知道該怎麼做。

最後你不禁思索：「時間都去了哪裡？」

時間焦慮所產生的時間稀缺感，以及事物必將終結的壓迫感，這些都是時間管理無法解決的。

這裡有一種瘋狂的想法：**如果你為了保持領先所做的一切，其實都是在拖累你自己，那該怎麼辦？如果有一種更好的方式來和時間互動呢？**

錯誤不在你，這是集體的錯覺，這種建立在完全錯誤前提上的敘事，不斷地被推廣。無論我們怎麼努力，都無法掌控時間。

接受這個事實，是擺脫「必須努力嘗試」這種義務感的第一步。

全然接受

你或許難以接受，時間管理這個概念其實並不存在。畢竟，你早已深被制約相信這個觀念。但請想想看：如果你真的可以管理時間，你會用這項能力來做什麼？你真的只會用它讓自己更努力學習、舉辦更高效的會議，或成為更出色的女強人嗎？

如果真的可以管理時間，你應該會更有野心，比如：

- 叫時間慢下來。（時間啊，你走得太快了！）
- 叫時間在你睡覺時暫停，想停多久就停多久。
- 告訴時間，偶爾你一天裡需要多幾個小時。
- 當有重要的截止日期迫近時，給你延遲一段時間。
- 將額外的時間「儲存」起來，未來就可以控制時間的流動，滿足你的需求。
- 創造一個「永恆週末」，假期永不停息。

現在你懂了吧。你能做到這些事嗎？如果可以，這能力比穿牆或隱形更有用，你就是超級英雄。（請分享你的祕密。）

假設前述那些掌控時間的奇想，你和其他人同樣都不具備，那這次的思考練習應該能說明問題的關鍵。即使時間管理的概念再有吸引力，這想法本身就是個謊言。

既然我們無法掌控時間，那該怎麼辦？我給你一個好消息。那就是：其實有一種更好的方式和時間互動，會讓你感到舒緩，並協助你通往更明朗的未來。

這概念叫作**全然接受**。最簡單來說，全然接受就是一個公式：**痛苦＋抗拒＝受苦**。在每個人的生活中，某種程度的痛苦是無法避免的。然而，人類之所以感到受苦，是因為試圖抗拒這不可避免的痛苦。

這一點必須強調：

痛苦：

不可必避的，無法跳過，每個人都會發生。

受苦：

可以選擇，當你抵抗痛苦時就會發生。

回想一下，你曾受過的傷，這傷痛因你的抗拒而變得更加嚴重。可能是某次糟糕的分手、沒有得到的工作或晉升，或者其他事情。

在那些情況下，你能控制什麼呢？你無法控制痛苦本身，因為痛苦來自外部事件。然而，你可以選擇不去抗拒，從而避免受苦。*

曾經，我在研究所時申請一筆非常有聲望的獎學金。我投入了很多心血在申請上，不斷煩擾我的教授幫我寫推薦信，撰寫自認為很有水準的申請論文，盡可能讓我的申請強而有力。很多人申請這筆獎學金，但我很有信心可以得到。令人震驚的是，委員會做出了不同的選擇！

當我收到那封客氣的拒絕郵件時（「我們有許多優秀的候選人」，信中這樣安慰我），心情非常不好。這封郵件並沒有要我回覆，但一小時內我就回了信。我感謝委員會，解釋我真的需要這筆獎學金，我可否和一些委員會成員會面，或進行電話會議，希望這樣他們就能更了解我了。

我原本該等一天再回信的（若是這樣我就不會回信了），但我沒有。值得讚賞的是，後來那位回應我並說明「已是最終決定」的人態度很好。我想我那封絕望的

*全然接受的概念基於瑪莎．M．林納涵和塔拉．布萊克的研究。它以一種正念的方法達到自我接納，並從過去的創傷中療癒。可參考塔拉．布萊克的《全然接受》一書了解更多。

郵件並不是他們收到的唯一或第一封回信。

現在回想起那件事真的讓人尷尬。我依然記得閱讀那封拒絕信時的刺痛感，但我也知道，我的抗議讓情況變得更糟。

雖然疼痛，但你仍可以向前邁進

要說明的是，全然接受並不是指你在痛苦時仍要感到快樂。痛苦令人難受。變老、被拒絕、總是感到落後和猶豫不決，這些事都不愉快。

但它也不意味著你必須認同，或繼續處於一段有害的關係中，例如一段充滿毒性的關係。你應該盡快結束那段關係，然後全然接受過去發生的事。

談到時間焦慮時，全然接受意味著停止抵抗時間的流逝。你不再試圖控制那些無法控制的事物。要知道，無論你存不存在，時間都會繼續流逝。你制定計畫，但要靈活以待。如果出乎意料的突發事件打亂了你的行程，你要不帶自我批判地調整時間表。你完全預料到自己的精力和產出，會因為一些無法控制的因素而每天有所不同。矛盾的是，當你放棄掙扎時，你會獲得更有價值的東西：改變你可以影響的事物的機會。

意識到自己的能力確實有限，應該會讓你感到耳目一新。你在對抗時間的戰爭中敗北，反而開放了其他的可能性。藉由輸掉這場戰爭，你在生活的其他面向會變得更快樂（也更有效率）。

全然接受的益處包括：

- 節省心力：全然接受可以讓你釋放之前用來對抗時間的心理和情感能量，重新轉向更有意義的事情。
- 專注當下：接受時間的流逝，讓你更完全投入當下，提升生活品質和人際關係。
- 改善決策能力：心思更清晰，且卸下控制欲時，可以更周詳地分配時間。

一旦你拒絕了時間管理的神話……注意了！現在你可以好好釋放真正的超能力了。

這就像欣然接受自己必然死亡一樣，現在你能看到其他人一直迴避的事物了。這種意識帶給你自由！它可以溫和引導你做出勇敢的選擇和大膽的決定，讓你不再背負著必須交代清楚每一分鐘時間的沉重壓力。

你不必成為可以搞定一切的超級英雄，因為沒有人可以如此。你和其他還在努力的人不同之處，就在於你接受了這個真理，並轉而追求更美好的事物。

就像孩子透過神話來理解他們正在成長的世界一樣，成年人也堅持時間管理這一概念，以此來理清他們混亂的生活。兩種信念都是理解複雜真理的捷徑，其中一個無害，而另一個則可能有害。

幸運的是，當你不再試圖做那些不可能的事時，一切就會變得容易得多。

別再相信你可以操控時間了。相反地，放棄控制欲，接受隨之而來的解脫。生命短暫，你的時間寶貴，尊重這兩者的限制，可以為你帶來解脫。

練習 逆向遺願清單

列一份你已經完成、且令人驚嘆的事件清單。

在追求未來目標的過程中，我們經常忽略了自己已經達成的里程碑。所以，與其忽略你過去的所有成就，不如列出一份清單。有點像陳列一份遺願清單，只不過，嗯，這是倒過來的。

從你想到的顯著事件開始列，無論是哪些類別，但不要止步於此。一份好的遺願清單（即未來目標的清單）通常會涵蓋各種不同的類別：個人、職業、生涯冒險等等。

同樣地，你的回顧清單，也要讓類別多樣化，讓你反思已經完成的各種事項，並以自己為榮！

最後，逆向遺願清單不僅僅是回憶過去的旅程，它還會激勵你設定一些新目標，或重新審視過去的成就，以新的方式再次挑戰它們。

以下是其他讀者的逆向遺願清單範例，也許能激發你的靈感：

- 在社區戲劇中登台表演
- 存一筆錢作為買房的頭期款
- 一年讀五十本書
- 參加半程馬拉松比賽
- 獨自跨國旅行
- 與公司協商加薪
- 領養了寵物
- 在猶他州的每條主要步道健行
- 學會了一種新語言。
- 向眾多觀眾發表演講

個人筆記：作為一個總是著眼未來的人，我常常難以察覺自己已經完成的事。這項練習對我特別有幫助，因為當我專注思考時，腦海中浮現出許多我早已忘記的成就。

8 怎樣才算足夠？

決定一個合乎邏輯的截止日期，完成專案和生活事務。

潔西卡的一天充滿了各種會議和截止期限。她喜歡自由作家的工作，但有一個很大的問題：工作永遠做不完。一項任務完成後，就直接開始下一個任務。即使她已經完成當天的待辦事項，那些已完成的任務隨即演變成了後續的工作，例如任務「腦力激盪新故事提案」變成「將提案發送給編輯」，「完成初稿」變成「審核和編輯初稿」。

總會多出一件事情要做。

即使你不是自僱者，你可能也經歷過潔西卡的某些狀況。當工作沒有實際的限制時間時，很多人習慣了一個觀念：**工作永無止境**。這令人疲憊，耗盡了所有精力，即使我們很享受這份工作。沒有里程碑和終點，我們就感覺不到事情完成了，這種感覺會讓我們有目的感。

儘管不易執行，但也有一個明顯的解決方案：**為自己定下每天的工作量**。

很多人將工作視為一個永無休止的循環

跟潔西卡一樣，許多人的工作或職業都有無限多的事情要完成。這種工作方式就像玩塔防遊戲，成群敵人不斷逼近你的城堡。起初，你可以輕鬆擊敗他們，但他們會變得更強，而且不斷來襲。每當你處理完一波攻擊性的任務後，這只意味著你已經升級了，準備好面對下一波的侵襲。

很多人很容易就陷入這種模式，一輩子都是這樣過。即使這樣的循環只會增加他們的焦慮感，且進一步促成他人的利益（通常是他們僱主的利益），他們也會這樣做。

在企業界，有些員工透過「在職躺平」來解決這個問題，他們刻意限制自己的工作量。在製造業中，躺平策略被視為怠工。員工都在工作，但不會特別賣力，也沒有人做得「超乎預期」。

我要說明的是，在職躺平對大多數人來說，並不是一種理想的解決方案。如果你的工作很糟，你可能就想**躺平**，無論是靜悄悄地還是別的方式。然而，給自己設下一個工作量限制，會有幫助的。

如何判斷是否足夠

我的情況與潔西卡非常相似，某種意思上來說我也是為自己工作，而且經常有多項專案處於不同的階段。我喜歡獨立工作，但當工作永無止境時，就會感到不知所措和焦慮。我總是專注未完成的事，而不是為這一天內完成的事感到自豪。

這裡有個解決方案：如果里程碑和終點不存在，你就創造它們。問問你自己：

- 今天做的夠了嗎？
- 這項專案要如何才算足夠？
- 怎樣才算滿足我對工作的承諾？

一旦達到「足夠」，請暫停。與其用殭屍模式處理一項任務，不如利用你正在學習的工具和直覺來檢視自己的狀態。你現在需要什麼？此刻最佳的選擇是什麼？

工作怎樣才算完成？

針對專案和日常工作，制定一個合乎邏輯的「終點」。

如果你為自己工作，或者一天中大部分時間都是獨自工作，那麼「工作怎樣才算完成？」這個問題，可能特別難回答。在現代世界中，總有新的事情要開始或推進。

這就是為什麼當你開始一項新事務時，先決定怎麼樣算是「完成」是有幫助的。可能是一件大專案，或只是一天的工作。當你設置了一條終點線時，你就給了自己一個可以期待的目標。完成後你可以慶祝這個目標達成，或至少感到滿足。

採用這種方法並不代表你不再努力奮鬥或挑戰自己，有時候你正在進行某件事情感到非常興奮，導致忘了時間，繼續做下去，這種方法在某些情況下既有趣又有用。

確定「完成」的定義，可幫你避免一個陷阱：面對無止境的工作而沒有完成的概念。

除了那些我想逃避的可怕任務之外，我的問題不是開始工作，而是停止工作。

有些人很難開始工作，我通常用番茄鐘來解決這個問題。我會先專注工作一段時間（通常二十至三十分鐘），然後休息一下。正確運用番茄鐘工作法的最大好處，不在於它讓你開始工作，而是它限制了你的工作時間。工作之間的休息才是關鍵。

進一步運用這個概念後，我開始為自己的工作日設立目標。不是無止境的待辦事項，而是幾件重要的優先事項。在這種情境下，「優先事項」一詞很有用，它暗示著數量非常有限的幾個項目。如果所有事情都重要，那就等於沒有任何一件事情是重要的。

因為我常對自己感到不滿，所以我也把自己善用時間的能力，視為一項驕傲的成就。大部分日子都不完美，但我一天中盲目在網路上瀏覽的時間是否少於一小時？如果是，那就太好了！其他幾個問題也很有幫助：

- 我創造了什麼嗎？
- 我有幫助到別人嗎？
- 我有沒有留一些時間給自己呢？

回答這些問題的同時，也等於快速檢查了自己一天的清單。偶爾傍晚在附近公園散步時，我會這麼做。我隨身帶著筆記本，可以隨時停下來，匆匆記下那些和我設定優先事項相符的事。

就是這樣。沒有確認，沒有科學審核，沒有計畫第二天的詳細程序。我只是問自己怎樣才算足夠，若稍後那些不知所措的焦慮情緒悄悄湧上心頭時，我就回想這些答案。

當工作可能永無止境時，為自己設定何時畫下句點。如果你要的話，之後可以在結尾處再多做一點事，這種完成感和成就感會讓你感覺更美好。

練習 白天的空閒時間

不要把所有的「娛樂」時間都留在晚上和週末。

如果你的工作時間有幾分規律，你可能就已經習慣了在大多數工作日進行長時間的工作。而你所想到的空閒時間，自然就是晚上和週末。

你要開始更重視休閒時間，試試把一部分的工作時間重新**還給自己**。

從小步驟開始，例如下午抽出一小時休息。去散步、上瑜伽課、參觀藝術展，或在平常工作日做一些不同於平常的事。走出家門看場電影，去電影院看，如果可能的話。下午坐在電影院裡的感覺，和坐在家裡螢幕前的感覺是不一樣的，因為你在家工作休息時，可能就是看著眼前的螢幕了。

如果可以的話，每週開始以這種方式重新掌控更多自己的時間。我知道不是每個人都能這樣，但如果有辦法的話，嘗試一下，看看感覺如何。

出席獎
第8名
技術上來說
算是畢業了
C+
付出70%
參與獎
放低目標
我的次等獎
OK之道

9 做事敷衍了事

重寫這個觀念：每件事都必須做到完美。其實，很多事只要「夠好」就已經完全沒問題了。

不論你小時候是否經歷過「相信聖誕老人」這個階段，你在成長過程中可能還內化了另一個信念。這個信念比對聖誕老人的更為複雜，就像時間管理的神話，這種信念具有限制性。

這個信念就是**你應該做到最好**。

讓我們來挑戰這個信念吧。基於諸多原因，有時候事情做到遠低於你的最佳水準，反而更好。與其追求完美，甚至「卓越」，不如**敷衍了事（do things poorly）**，這樣可能讓你的生活更美好。

我知道這聽起來可能有點違背常理，尤其如果你是從小就背負著成績要好、各種競賽都要名列前茅的壓力長大的。

我最早是從赫倫·格林史密斯的一篇爆紅貼文了解到這個概念的，她是政策律師兼LGBTQ議題倡導者。*以下是相關的表述：

> 去他的完美。藝術？敷衍了事吧。學校作業？做一半總比完全不做好。打電話給朋友？如果你害怕打電話，那就傳訊息，而不是完全不和他們溝通。育兒？就算你半睡半醒，或在玩手機，只要你人確實在場就好。吃東西？與其等待完美的一餐，不如去麥當勞。

我知道這樣的建議似乎和你常聽到的相反。或許也跟你告訴你自己的相反。你想把每件事情都做好！但這種全方位卓越的渴望，可能會讓你感到壓力山大。

成為完美主義者並不是一件值得驕傲的事，完美主義基於一種信念體系，它會限制各種重要技能的發展，包括：

- 完成簡單任務並繼續前進的能力
- 對任何事情都有成就感的能力
- 能夠在一堆事情中，分辨出且注意到少數真正重要的事情的能力

*除了赫倫·格林史密斯，我也感謝蓋比艾兒·布萊爾（@designmom）讓我注意到「敷衍了事」這個概念。

了解到完美主義潛在限制了這些能力，所以我們要記得，並不是每件事情（甚至大多數的事情）都要做到卓越。

赫倫指出，敷衍了事不僅僅是為了行動更快速，事實上，還有一個更重要的原因，她們後續的貼文這樣解釋道：「敷衍了事對於減少傷害來說**至關重要**。」

例如，你想停止服用某種有害物質，或許只要減少用量就可以慢慢戒掉。對於上癮的人來說，這種慢慢減少的方法比完全不碰更有可能成功。「你要完全戒掉」但卻無法做到，這種感覺會讓人無助。

不只是回收或吃麥當勞

我很喜歡赫倫給出的例子：如果你餓了，卻不知該吃哪樣更好的餐點，就去麥當勞吃吧。很多人可能會直覺地拒絕這項建議。「我絕對不會這樣做！」有些人可能會說：「速食不健康。」

但你知道，有什麼是比不吃東西更好的嗎？吃東西。下次買雜貨或到商店時，記得買一些健康的零食放在家裡，這樣你才有其他選擇。目前就先吃大麥克吧，因為餓了就要吃啊。

另一個敷衍了事的例子來自顧問兼作家KC．戴維斯，他建議大家在整理生活空間時，有些東西就乾脆直接扔掉，不要覺得有壓力要回收，或感到有責任為那些東西找到新家。

不要忽視重點：回收利用是好的，而且你也不應該一直吃麥當勞。然而，當你感到不堪重負時，採取行動總比不行動來得好。行動可以幫助你進入更好的狀態，下一次就可以做出不同的選擇。

想想看，你還可以如何應用「敷衍了事」的方法：

問題：你的課堂作業無法完成。

解決方案：降低你的標準。交出平平無奇的作業，利用多餘的時間去做其他事。不必每一科都拿到完美的成績。

問題：家裡很凌亂，但你已感到筋疲力盡。

解決方案：確定哪裡真的要清理。（針對那區域）盡你所能做十分鐘就好。一旦時間到了就停止清理，去做別的事。

問題：一大堆未讀訊息煩擾著你。

解決方案：刪除所有未讀訊息。與其四處碰壁努力回覆，不如之後處理新訊息時，至少在某一段時間之內盡量做好一點。

問題：你還沒回覆電話。

解決方案：這種事常會發生。別擔心。如果這通電話很重要，稍後隨時可以回電。

如果你是完美主義者，我知道敷衍了事這個觀念你很難接受，甚至可能感到害怕！但你想一想，如果你對一些事物敷衍了事，可以得到怎樣的成果。你依然活著，講著這段故事，還有更多精力去做其他的事。下一小節我例出一些範例。

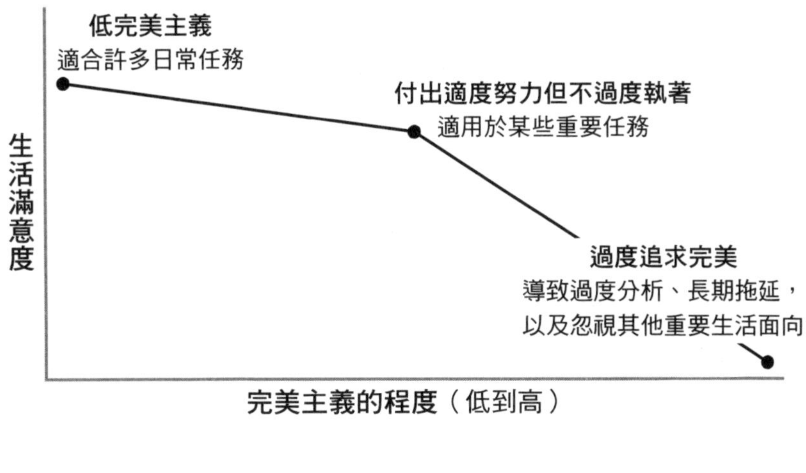

不要半吊子，四分之三吊子就已經夠好了

說到敷衍了事，讓我想起了一段自己的經歷。你可能知道「半吊子（half-ass）」這個詞，常常作為一種警告，也就是「做事不要半吊子」。換句話說，全力以赴。

在我曾經領導過的活動團隊中，對於這種心態，我們有一種稱呼。面對即將到來的大型會議及眾多需要規畫的環節，我們希望核心體驗可以做到卓越，然而，若我們在每個方面都想做到卓越，勢必會失敗。因此，我們制定了一項規則，每當發現自己陷入某個無關緊要的小細節時，團隊中的任何人都可以大聲提出，提醒我們所謂的「**四分之三吊子原則（three-quarters-ass）**」。

這條規則的本質就是：我們不想任何事都只做到半吊子。讓我們努力做好工作。但不是所有事情都要投入全副心力。所以，我們應該找出讓自己卡住的問題，和可接受的最低程度解決方案，然後繼續處理更重要的事。

請隨意採用或修改這項策略，以適應你的需求。只要記住：並非所有事情都要完美，當你不再執著於不可能達到的標準，將會感到輕鬆很多。

敷衍了事可以讓你專注於那些真正重要的幾件事情，而且可以在這些事情做得更好。當你感到疑惑時，學會放手，繼續前進。

練習　挑選要跟上進度的事件

你無法跟上所有事件的進度，所以不要再試了。

「最近真是很難跟上進度！」

有人這麼說過，或許你自己也這麼說過。但你知道嗎？要跟上進度不僅困難，而且根本不可能。

新聞二十四小時不間斷循環報導，接著又有一波針對這些報導的討論循環，還有無止境圍繞這些循環衍生出來的話題迴圈。與此同時，你接收到各種媒介傳來的消息。

這就是讓你焦慮的一部分原因。

如果你已經在一兩個收件匣放了一塊磚，那是個好的開始。接下來，要刻意選擇你想跟上進度的事件。你不必知道一切，況且你也做不到，還是挑選幾個特定領域並專注於此吧。

如果你想練習縮減範圍，可以從一個簡單的起點開始。從減少、切割、遠離開始。

取消訂閱，取消追蹤。

縮短並清理你的待辦事項。

關掉那些你已經開了三個星期的瀏覽器分頁。如果你之後需要它們，隨時可以再找回來。

第一部摘要

當你感到不知所措時，很難做出理性的決定。無論如何，設法騰出額外的時間，或許可以從行事曆中刪除一些項目，讓你可以思考更多關於整體格局的事。

「時間盲點」會妨礙你對時間的感知。有個簡單的解決方法：預留比你認定的更多時間。每次約會都提前十到十五分鐘出發，並抗拒出門前匆匆忙忙再做一件事的誘惑。

「時間規則」是某個時間點你學會的神經系統模式，通常是潛意識的。有些規則有用，但那些沒用的規則應該丟棄。

與其想要攬下所有事情，不如練習把事情做到力所能及的藝術。用一小段時間專注在高價值的信件上，並且不要讓自己不堪重負。

全然接受是一種概念，指出生活中的某些痛苦是無法避免的。但當我們不再抗拒痛苦時，便可減少受苦。

自己決定怎樣是足夠的。停止將自己的狀況和他人比較。為每日工作設立基準點，達到便停止。

並不是所有事情都要做到卓越。接受「有時候敷衍了事是可以的」這個觀念，你可以保留精力去完成更多事。

插曲　禮物和選擇的負擔

在生命中的艱難時期，我讀了希薇亞．普拉斯書中一段關於無花果樹的段落。在書裡，敘述者坐在一棵結滿多汁美味的無花果樹下。每一顆無花果代表著一種人生選擇：成為奧運運動員、成為傑出的教授等等。敘事者感到不知所措，無法從眾多選擇中做出決定，結果一顆接一顆成熟的無花果掉落在地上。

當我讀到這段文字時，感到一陣深深的悲傷。我也能看到很多選擇等著我，但很多是排他性的，也就是說，如果接受其中一個，我就得放棄其他選擇。

我怎麼可能選得了？**那時**我應該怎麼做呢？我想要有更多的時間做決定，但時間並沒有等我。它自主運行，完全不顧我的喜好。

我一直在思索無花果樹的比喻。就像書中的敘述者一樣，我對於做出決定的想法感到不知所措。長期以來，我一直陷在困境中，無法在不同方向之間做出選擇，當然，不做選擇其實也是一種選擇。

多年後回首，我對人生中的那段時期有了更深的理解。起初一部分原因是我患有輕度的憂鬱症，之後轉為中度。最後我通過治療和藥物幫助，對此我非常感激。

但當我思考希薇亞・普拉斯的無花果樹時，心中感受到的惆悵，並不全來自於憂鬱。有些因素來自生命各方面都會出現的狀態，和當時情況或醫學診斷無關。

我讀到那段描述時，感受到的是時間焦慮：這種焦慮不是一種臨床狀態，而是一種深切感受到、卻不知名的挫折感。我的心情可以改善，但對未來仍會感到擔憂，或擔心自己隨時會做出不正確的事情。我可以說出這些化學失衡的問題，了解依附理論，並遠離那些對我造成傷害的情境，這些都是很好的選擇！但我仍缺乏克服挫折感的具體模範。

最終我發現問題出在於我和時間本身的關係。我想掌控一些無法掌控的事。我不斷想著樹上無花果所生動闡釋的簡單真理：**時間有限，慾望無窮**。這是永遠相互矛盾的事實。簡單來說，我想做的事情比我能做到的還要多。

面對這個簡單的事實，是我和那個「無法事事兼顧」的自己和解的第一步。

第二部

重寫時間規則

你有能力理解和處理時間焦慮背後的神經系統和行為因素。反學習那些無用的信念，重寫那些限制自己時間的自我規範。這一部要探討的，是以證據為基礎的方法，幫你建立更健康的時間關係。

樂觀的男人杯子半滿，
悲觀的男人杯子半空，
但對的男人只管暢飲。

——湯姆·威茲

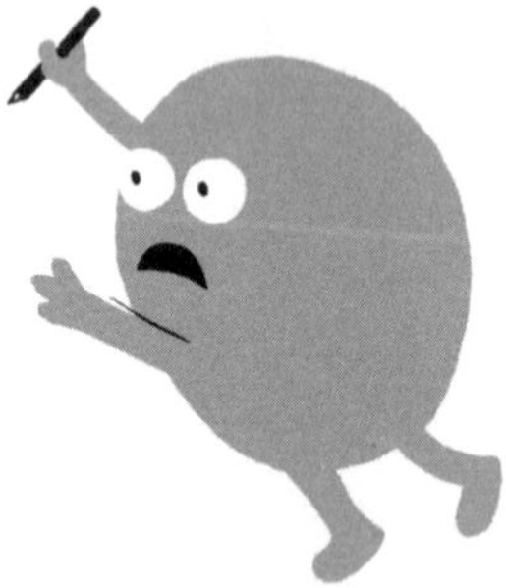

10 隨著年齡增長，我們對時間的感知會改變

我們對時間焦慮的反應，跟我們對時間流逝的感知有關。
當我們感受到「時間不足」時，就會變得不安。

時間焦慮由兩部分組成：時間和焦慮。看得出來，第二部分是個複雜的情況。焦慮可能是情境性的，也可能是廣泛性的。它也可能是季節性的，發生在一年中的某段時間或你生命中的某個時期。

與焦慮相比，時間似乎是個比較單純的概念。但真是如此嗎？你可能驚訝地發現，時間不是絕對的。在科學界，關於時間的辯論不斷湧現。從時間的精確定義，到應否有個普遍的時間概念等問題，物理學家和天文學家對此都抱有爭議。大多數人共同理解的時間概念，可以讓我們相互協調，但這只是優點，而不是定義。

就好像我們承認雨是從天而降（「因為它使草生長」），卻全然不知道它是怎麼產生的。

在科學界中，沒人爭論雨水的來源。我們知道太陽照耀海洋，海水蒸發到天空中，水蒸氣凝結成水滴，水滴相互聚集，形成雲層。當水滴足夠多時，就會從雲層落下，最終回到海洋，完成循環。

然而，時間更難以捉摸。

人生不同階段對時間的感受不同

如果你覺得討論時間的複雜性很抽象，那就想想你是如何看待時間的。如果你和大多數人一樣，隨著年齡增長，對時間的感知就會發生變化。在不同的年齡，你以不同的方式體驗相同的時間。

當你年輕時，感覺時間過得很慢。你會覺得父母已經**很年長了**。你甚至無法想像有一天自己會和那些成年人同齡。

從一次生日到下一次生日，發生許多變化。你會計算著重要的里程碑日子，例如畢業或考到駕照的日子。等待是**艱難的**。看來你似乎永遠不會長大成為一個大人。

當然，你確實會。到了某個時刻，歲月似乎開始飛逝。時間過得真快！當你回頭看時，你會想：「時間都去哪裡了？」現在回想你小時候父母或祖父母的年齡，已經不再是不可能的事了。事實上，你發現「老年」（無論你如何定義）正迅速逼近自己。小時候覺得那些緩慢不耐煩的事，往後卻迅速得令人心痛。

即使是成年人，你可能也注意到了，時間流逝的速度似乎會因你怎樣度過，而有所不同。在工作中，冗長的會議和令人厭煩的任務似乎無止境地延長，但如果你某天某時刻進入心流狀態，時間就會過得快得多。

簡言之，時間流速始終一如往常保持不變，然而隨著年齡增長以及不同的活動，我們對時間的感知也會有所改變。

這點為什麼重要呢？因為我們感到時間焦慮的主要原因，與我們對時間流逝的感知有關。當我們覺得「時間不夠」時，就會感到不安。

時間快不夠用了，我們這樣想。當然，時間沒有更多或更少，只是我們的感知改變了。

時間短缺的一種常見原因，是我們試圖在短時間內，例如一天，安排過多的事情。這麼做時，就會意識到計畫過於龐大，然後就會感到不安。**時間緊迫**。現在，我們必須迅速調整每項計畫，接受妥協和權衡。

這種調整有些是正常且無可避免的，至少在我們生命中某個階段會是如此，然而很多人的生活卻常常處於時間緊迫的狀態。調整計畫是規則，不是例外。

這種時間不夠用的狀態會造成壓力。我認為這種狀態無法持久，然而人類極具韌性，可以承受高壓。**這對我們實在不利**。因此，我們感到焦慮。

我們調整計畫而做出的妥協，往往以自我犧牲的形式呈現：因為無法達成所有心願，我們被迫拒絕某些快樂、滿足或完成感。這樣又再次引起不安。

這種不安可以出現在兩種時間焦慮的其中一個版本：

存在主義：

我生命中的時間所剩無幾。

日常生活：

一天的時間不夠用。

這些問題是互相關聯的，你在不同的時間可能對其中一種感受較為強烈。而其解決方案也是相互關聯的：要更好地利用我們的日子，才能更好地照顧我們的生活。

這是變得更為實際的好起點。在日常生活中，做什麼事可以讓你更有目標、更有意義？

同樣地，最近你有思考過自己的人生嗎？任何長期目標、夢想或志向，都會有幫助。

當我們匆匆忙忙時，很難理性思考，也很難計畫各種未來。在下一章，你會學習制定參與規則，並主動預測常見的干擾因素。之後，你會了解為什麼正面面對困難（而不是逃避），是一種有用的策略。

我們如何規畫日子，就如何度過人生。當你制定應付時間焦慮的計畫時，你已逐漸開始將這兩種觀點——個別的每一天和整體的人生——結合起來。

練習　創建一個「無時間」區域

撥出一段時間盡情享受愉快的活動，不要擔心時間。

我們常常感覺時間是最寶貴且有限的資源，若可以創造一個「無時間」的空間，會讓你感到自由。這做法可以讓你在生活中開創出一個空間，暫時擺脫時間壓力，專注於你喜愛的事物上。

一、定下目標

立下目標，在接下來的一週內選擇特定的日子和時間，創造你的「無時間」區域。定出至少一小時不受打擾的時段。寫下你的目標：「我將在〔日期〕的〔時間〕創立一個『無時間』空間，專注在那些帶給我快樂和滿足的活動上。」

把這段時間加到你的行事曆上，以免你安排了其他事務。

二、選擇二到三項活動

想想看哪些活動讓你忘了時間，並感到快樂。這些活動可能是嗜好、創意專案、親近自然、閱讀，或任何你很投入和快樂的事。列出這些活動，至少二到三樣活動，以便隨時變換。

三、尋找空間

找一個舒適安靜的地方，打造成「無時間」區域。可能是你家中舒適的一角（遠離工作區域）、一座安靜的公園，或任何讓你感到放鬆不被打擾的地方。收集活動所需的物品。

四、投入活動

當時間到來，請前往你預先準備的空間，並進入你的「無時間」區域。如果需要的話，可以設置一個計時器（至少一小時），這樣你就不用擔心時間了。或者，你也可以在感覺滿足後，結束活動。全心投入你的活動，無需擔心生產力或截止日期，允許自己完全活在當下。

如果你當時的思緒又開始顧慮起了時間，請輕輕地將注意力重新帶回到手頭上的活動，提醒自己這是一個「無時間」區域。

五、反思

這段時間結束後，花幾分鐘回想你的經驗。記錄你的活動、專注於活動而沒有時間壓力的感覺，以及你的心情或心態有怎樣的變化。根據你的反思，再制定出下次的「無時間」區域。

無論是每天、每週或需要休息時，你的目標是讓制定「無時間」活動成為一項常規練習。這樣做，你會不斷獲得活在當下的好處，不受時間的束縛。

紐約
倫敦
東京
你活生生
且珍貴的
一生想要
做什麼呢？
盡快
把握一天
殺死一天
暗殺一天
成功方程式
三倍執行力
給呆瓜的時間管理
你和碧昂絲
一天擁有
的時間
一樣多。
一月
比你優秀的人的習慣
救命
這是你的一年
12:00

11 應用「交戰規則」挑選各種占據時間的任務

設定預設決策，幫助你應對生活中的衝突與忙碌。

當我們感受到時間不夠用時，就更難在眾多占時間的事件中做出選擇。

你每天怎麼安排時間？你現在應該做什麼？在完成那項任務後，接下來要做什麼？你如何應對衝突的行程、過多的事務，以及彼此搶時間的任務呢？

你應該很清楚，你有無限種運用時間的方式。不僅如此，在一天的各個時段（以及一星期、一年，甚至你的一生），你都會遇到各種各樣的人，每個人對於你應該做些什麼，都有他們的看法。

為了控制壓力，我鼓勵你使用一種叫做**交戰規則**的概念，簡稱 ROEs（rules of engagement）。這是一些指引，能協助你在緊湊的行動中做出決策。這概念源自軍事實踐，戰場的指揮官必須迅速做出生死攸關的決策。

例如，一支部隊受到攻擊時，指揮官應以相應的比例反擊。如果一支部隊受到藏匿在村莊的狙擊手攻擊，指揮官不能對整個村莊投下一千磅的炸彈來消除敵人。他們應該找出一種辦法，有判別地回應，只瞄準狙擊手及該區域的其他戰鬥人員。

這些規則還規範戰俘的待遇、可以使用的特定武器類型（和每種武器所需的許可），以及武裝衝突中的其他緊急狀況。

我們不必過度延伸軍事的隱喻，你已經知道，生活就像戰場，尤其對那些肩負重任的忙碌人士來說。重點是：ROEs可以幫你處理所有向你提出的要求和機會。

首先，先想想你會在哪些方面分心、偏離軌道，或被突如其來的事打亂進度。以下這些問題可能有所幫助：

- 你一天中最常遇到的打擾是什麼？
- 你一天或一週中什麼時候最累？
- 你有多少次想要逃離工作環境？
- 你在社交互動或進行特別困難的任務後，需要時間充電？
- 你會因為把工作放在健康、自身或家庭之前，而感到內疚或矛盾嗎？
- 為了工作或其他義務，你最常犧牲哪些日常事務或活動？

有些干擾確實是緊急且無法避免的，但很多干擾是可預防的。請制定一套規則來應對一些不必要的打擾。

可以從一項非常簡單的做法開始，就是每天設定一段時間，關閉手機的所有通知。在這段時間，除非發生真正的緊急狀況，否則誰都聯繫不上你。（大多數手機可以設定一些例外的通知，例如孩子的學校來電。）

如果你想更常和家人一起吃晚餐，可以制定一個規則，讓這項活動優先於其他邀約。如果你們家沒有一起吃晚餐的習慣，那你的規則可能是每天晚上散步時收聽Podcast，讓自己從一天的疲憊中放鬆下來。當有其他事情在那段時間出現時，你知道該怎麼做（拒絕），不需要猶豫。

交戰規則的範例

我一直在調查大家是如何使用 ROEs 的。在接下來的幾頁中，你會看到他們的範例。可以參考採用或修改，或許也會帶給你其他點子。

■為創意工作設定界限

如果可以，**我會把會議安排在午餐後而不是早上**。若因為時區或排程衝突，我就會提早開會，但我的預設模式是盡可能保持上午的空閒時間。

■自由工作者要限制客戶數量

身為自由工作者，我同時和一定數量的客戶合作。如果我的時間已經排滿，而有人想跟我合作，我會建議他們加入我的等候名單。**我從慘痛的教訓了解到過度承諾對任何人都沒有好處**。此外，因為要加入等候名單，客戶會更認真看待我，也算是個好處吧。因為新客戶知道我供不應求，因此我也能收取更高的費用。

■課後接送的優先順序

我在家遠距工作，下午要接兒子放學。**我工作勤奮，但我的上司和同事知道我從下午三點到四點之間是沒空的**。

有一次，我在接送孩子的路上參與了電話會議，但會議持續很久，一路上我都無法專注在兒子身上。那次之後，我決定這段時間是神聖的。我們要花二十分鐘回家，再吃點點心，並在後院玩個幾分鐘，然後我會再工作一小時。

■公開演講前平復緊張情緒

我的工作需要進行簡報。以前，我要簡報時會感到恐懼，現在只是神經緊張罷了。有時候我準備過度，結果反而更加緊張不安、情緒失控，雖然我已經很熟悉這些內容了。**後來我學會了一件事，那就是在任何可能需要發言的會議之前，我會徹底空出至少十五分鐘的時間，什麼都不做。**我利用這段時間冥想，和自己相處。這十五分鐘的平靜時間，和額外準備一個小時的效果一樣好。

■打掃房子但不要太乾淨

當我的公寓維持得很乾淨時，感覺真好！因此我在星期天下午都會深入打掃每個角落。然而，有時候我會陷入永無休止的清理工作，在週末結束時感到易怒和疲憊。**我新的交戰規則是設定九十分鐘的計時器。當它響起時，我也會停止，不論還有哪個角落「需要」清理，才能讓我感覺自己的公寓一塵不染。**我發現自己在那段時間內其實可以完成很多事，其他的就只是吹毛求疵了。知道自己的時間正在倒數，我也會更加確定打掃的優先順序。

■為馬拉松而訓練

去年我第一次參加馬拉松，整體來說還不錯，但我沒有多加訓練。現在第二次報名，我已事先制定了一整套訓練計畫，長達十二週。**為了確保完成訓練，我制定了一個規則：在完成每天的訓練之前，我不能觀看晚上的電視節目。**

大部分時間這不是問題，因為我通常在早上跑步，但有時候我得等到下班才能跑。下了班我很想躺在沙發上看電視。但由於有規定在先，所以我還是先出門跑步。不騙你，有時我真不想出門跑步，不過，跑完了之後我會很高興自己這樣做。這是一個為了長期成果而做出小小犧牲的例子。

正如最後一則馬拉松訓練的例子所示，ROEs可以幫你考慮自己的目標順序，同時也能維持和他人的界限。如果一個星期你有好幾場考試，需要保持清醒，那幾天你會優先決定無論如何都要早早上床睡覺。如果期間你的朋友邀你深夜外出，你馬上就能做出決定。「今晚不行，」你可以告訴他們：「我們改天再去。」

另一種常見的ROEs，是在睡前一小時、醒來一小時（或兩者）都不查看手機。有些人發現睡前不看手機可以更好入睡，而早晨不看手機，則不會被即時新聞干擾，專注準備迎接新的一天。

無論你的ROEs是為了防止外界干擾，還是幫你保持自律（或兼而有之），它們都能幫助你專注在對自己更重要的事情上。它們可以帶你往人生目標的方向前進，並解答那些一直困擾你的問題。這些問題可能包括：

- 每件事情都很重要，但哪一件才是最重要的？

- 當我可以多重選擇時，該如何從各種相互競爭的利益中做出決定呢？
- 如何讓自己更有信心做出決定，減少分析癱瘓和自我懷疑？
- 我現在該做些什麼？

設定好你的交戰規則，就建立起了應對日常各種選擇的框架。這些規則可以依你的需要保持彈性，而且你也可以毫不猶豫隨時調整，以配合自身的需求。

練習 先問問自己：「這可以等嗎？」

對大多數人來說，一天中只有幾件事是真正緊急的。學會區分真實的截止日期和假想的截止日期。

請想想以下問題：

1. 生活中有哪些事讓我感到不必要的壓力？
2. 我該如何放下這些事，才能在其他地方茁壯成長呢？
3. 是否有人催促或逼迫我加快步伐？

一生中，大多數的事情都可以在不同的時間點完成。你可以立刻完成它們，或稍後再做，或乾脆暫時擱置，有時候甚至會擱置很長一段時間。然而，在許多人的行為中看不到這一點。他們做事的方式，就好像每一項任務、每一個要求都同樣緊急，要「盡快」完成。

這樣的生活很有壓力。人類不可能一直以相同的速度運轉。此外，如果一切都是緊急的，那就沒有什麼是緊急的了。

因此，當你一天中要處理不同任務時，學會問自己：**如果我現在不完成這項任務，會發生什麼事？真的會發生這樣的後果嗎？還是這股緊迫感是我強加給自己的？**辨識出這種的差異，能幫助你判斷哪些事情真正需要立即處理，哪些可以另做安排或延後。

可以等待的例子：

1. 整理你的電子郵件信箱
2. 預約非緊急的醫療門診
3. 清理車庫或壁櫥
4. 回覆日常工作電郵
5. 準備一場幾天或幾週後的會議
6. 更新一個截止日期較遠的專案
7. 協助同事完成一項不緊急的任務

不能等待的例子：

1. 接孩子放學
2. 支付今天到期的帳單

3. 前往預約好的醫療門診
4. 在期限即將到來前完成任務
5. 處理工作或家中的緊急情況

當你覺得任務壓力太大時，花點時間寫下你認為需要完成的所有事項。在你檢查清單時，暫停一下並問問自己：「這可以等一下再做嗎？」對於每項任務，想想看如果延後做是否會帶來嚴重後果。通常你會發現，有很多任務不需要立刻完成，而你的緊迫感是自己施加的。

辨別出可以延後的任務，你就可以消除所有事情都很急迫的感覺。這樣你才能夠更清楚地決定你真正想做的事。

從假想的最後期限中解放自己。你要學會抵擋虛假緊迫感的賽蓮海妖之歌。

（譯註：根據荷馬史詩《奧德賽》中的描寫，賽蓮海妖以自己天籟般的歌喉，迷惑經過的水手傾聽失神，使航船觸礁沉沒。）

恐懼是一種具有操控性的情緒，
會讓我們陷入無趣的人生。

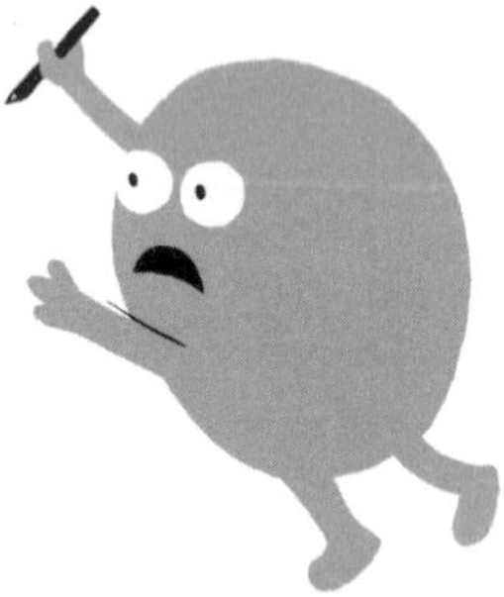

——唐納．米勒

如果你想要感覺好些，

要更常面對問題，更少躲避問題。

12 馬上回來……我只想消失，不回來了

逃避困難的事是一種進化的防禦機制。雖然這麼做可能會讓你暫時感覺很好，但會帶來持久的心理代價。

一名英國男子艾倫·奈特，因面臨欺詐指控，提出了不尋常的辯護：他無法出庭，因為他昏迷了。然而，他不是真的昏迷。這是一種絕望的行為。透過他妻子的協助——她後來因參與此事而入獄——他就這樣騙了超過兩年。

為了逃避審判，奈特甚至住進醫院十週。醫學檢查顯示他一切正常，但他表現得如此逼真，有些醫生還認為他可能患有某種難以解釋的疾病。唉，這計謀在他出院回家接受護理後，就開始瓦解了。當時閉路電視拍下了奈特在城裡低調購物的畫面，毫無疑問，他並沒有昏迷。

在美國，一位名叫珍妮佛·威爾班克斯的女性，面臨著不同的抉擇：再過四天就要舉行婚禮了，但她當時已不想結婚了。結果，她沒有進過艱難的自我對話，而

是乾脆從喬治亞的家中消失了。全國開始搜尋她，一週後她現身了，謊稱自己被綁架。隨之而來的「逃跑新娘」媒體風波持續了數個月。

你可能會想像，處理問題，甚至是嚴重的問題，都有簡單的方法。面臨刑事指控是種高度的壓力，但是……假裝昏迷？聲稱自己在婚禮前被綁架，而不是承認自己緊張不安？

雖然這些故事這麼離奇，或許就是所謂極端的「合乎邏輯的不合邏輯」例子。之所以會有這種行為，即是我們經歷各種認知扭曲而做出的反應。

我們常常不惜大費周章，甚至繞了很大一圈，只為了逃避困難。除了那位假裝昏迷的健全男子和逃跑新娘外，還有許多人甚至假裝自己已死亡，以躲避衝突。

想想看，要創作一段關於自己死亡、令人信服的故事有多麼困難。你要上演意外事故、偽造死亡證明，甚至要舉辦假葬禮。然而，會這麼做的人，一定是覺得即使這麼曲折的道路，還是比面對真相好。

我會再連絡你……結果沒有

和本書大部分主題一樣，我對逃避一事的興趣，並不完全是學術上的。雖然我不曾假裝自己已死（我保留這招），但很遺憾地說，我對逃避行為太熟悉了。

我在創業生涯初期，就注意到這種模式，當時我討厭和陌生人通電話。**憎惡**是一個強烈的詞，但卻能恰如其分地形容我的心情。有段時間，我經營賀卡的服務，一些企業會買來當作贈品，送給顧客。

我幾乎是在網路上經營的，這在現今不太奇怪，但二十多年前，仍然少見。很多時候，潛在客戶會線上詢問，並要求我打電話給他們。我總是建議他們使用電子郵件。有時候這種轉移溝通管道的方式有效，但有些人就是不習慣跟沒有「真正」對話過的人購物。

有一次，一位客戶要下大訂單，但想跟我先聊聊幾分鐘。這筆錢對我很重要，但我實在鼓不起勇氣打那通電話。我記得自己握著電話坐在電腦前，拖延了十五分鐘或更久就放棄了。我沒有回覆他的最後一則訊息，失去了這筆交易。*

多年後，當我一位親密的同事突然無聲無息從我生活中消失時，我就想起了這

次經歷。我認識這位同事很多年，一直把他視作朋友，但有一天他卻突然消失了。我要說清楚，他並沒有從這個世界上消失，只是從我的世界中消失了。顯然我做了些傷害他的事，但我卻不知道是什麼事。他最初只是些微迴避，最後演變成徹底消失。

這讓我感到很難過，但我意識到自己也有避開艱難對話的習慣，於是試著以較正確的視角來看待這位同事。在某種程度上，這並不奇怪：對於許多人來說，搞失蹤現在已經成為結束關係的一種常見方式。

為什麼會這樣，以及我們是如何逃避的

為什麼我們要逃避？因為這樣做感覺很好，即使逃避沒有幫助。逃避行為源自於我們的進化機制，**有危險——我們應該趕快躲開！**無限期推遲某件事，是錯誤的

---

*後來我知道有「電話焦慮」這種現象。有些人可能患上電話恐懼症。對於其他人來說（像我），打電話令人生厭，我們通常更喜歡以其他方式連絡。

決定，但在當下會感到一時的解脫。

逃避是對壓力常見的反應。即使逃避毫無意義，甚至逃避的痛苦大於面對的痛苦，我們仍然會選擇逃避。像滑手機這樣的逃避工具，既易於取得，又總是可用。滑手機不僅隨時可行，而且永無止境。你可以在睡前看手機「幾分鐘」，結果一看就過了半小時。

不過，這不是手機的錯。即便沒有個人娛樂設備在手，我們總能找到某種逃避的方式。事實上，你參與的大多數活動都可能是一種逃避策略。

這些活動包括在某些情況下對你有益、在其他情況下則不然的事物。運動、正念、性愛、在森林散步等，有時有幫助，有時則不然。

在工作、在家或在學校，幾乎在任何地方你都可以逃避。你在任何關係中都可以逃避。同樣地，逃避的後果會無處不在地跟隨著你。逃避可能會破壞你的工作、友誼和心理健康。

保持忙碌是另一種逃避

如果你突然躲著多年老友，連電話也沒打，你也不會感到愧疚的話，至少還有另一種逃避策略，你或許做過，叫做**保持忙碌**。

讓自己保持忙碌，是拖延該做的事情的最佳方法之一。如果你忙得沒時間思考，你比較不會焦慮！你有項任務要完成，或至少有些事情要去做。確實，這或許不是正確的、最好的，甚至不是好的選擇，但它至少是個選擇。

你是否注意過，有些人對寂靜感到不自在？他們會自動用話語填滿任何空隙。他們會因長時間的沉默而感到社交焦慮，尤其在封閉空間內，例如車內或電梯中。

隨著時間焦慮的增加，保持忙碌就像用對話填滿空間的行為一樣。簡單來說，你**必須**要有事情可做。所以就會這樣：你會找事情來做，因為有很多選擇。這項新任務占用了你的時間，讓你理所當然地推遲那些你原本該做的緊急或重要任務。

逃避的代價

像時間盲點一樣，長期的逃避伴隨著高昂的心理代價。不管怎樣，短期的緩解會帶來往後「還債」的情況，因為往往會反覆出現逃避的情況。

逃避會耗費大量的能量，無論是心理上、情感上，還是身體上。你可能不會有意識地思考你所逃避的事情，但這些事通常會在你的潛意識中徘徊。（當你試著不去想這些事時，其實你還是在想。哇。）

逃避會讓你無法活在當下，無法欣賞當下發生的一切。同樣地，長期的逃避會奪去你清晰思考未來的能力。這件事到後來會變得越來越困難，至少你對那件事的看法是這樣。

那該怎麼做呢？從這件事開始吧：**如果你想感覺更好，就要多面對，少逃避。**

多面對，少逃避

這聽起來好像是一種簡單的任務：只要停止抵抗即可，面對困難的任務時要接受痛苦，不要將這項任務拖延成一種持續的受苦。然而，事情並沒有這麼簡單。當談到拖延事情、假裝這些事不存在，或只是忽視現實等方面，我們就是會全力以赴。

有一天我在網上搜尋時，看到一種說法，意指我們如何停止抗拒：**面對一切，**

不逃避任何事情。這能勉強稱得上是一則趣聞軼事嗎？

我喜歡這個說法——面對一切，不逃避任何事——但就我個人而言，我覺得「從不逃避任何事」這個想法讓人有些畏懼。相反地，我努力實踐一個更可行的模式：**多面對，少逃避**。

簡言之，我的表現不會是完美的。但我知道，當我去做那些困擾自己的事情，而不是一直拖延時，我會感覺更好些。不僅在當下如此，我也是在投資未來的自己。

如果你無法面對正在逃避的大事，可以先從較小的事情開始。（本章結尾的活動為你提供一個框架。）以下例子供你參考：

- 如果你在社交上感到焦慮，或是覺得與人交談很困難，不妨定下一個目標：每天和不同的一個人交談。這裡有個小技巧：向陌生人詢問時間，或詢問前往附近某個地方的簡單路線（即便你已經知道答案了）。這種簡單的互動會增強你的自信心。
- 害怕開車？請坐在停著的車子的駕駛座上，哪裡都不去。學著讓自己對環境和操縱車上設備感到舒適。

- 如果你的思考方式非黑即白，可以培養靈活的思維，適應新的資訊，並考慮不同的觀點。當你看到只有兩個選擇（A或B）時，積極尋找第三種選擇。即便第三種選擇不是很好，也能幫助你打破二元思考的習慣。
- 你要離職到另一家公司上班，需要老闆幫你寫推薦信？這麼做可能會讓你感到害怕，你可以在每一天開始時，練習請朋友推薦一本書或電影。請求他人推薦一些其他的事物，在你提出更重要的問題之前，就會知道如何開口了。

那位假裝昏迷兩年、逃避出庭的英國人，可能創下了世界紀錄，有些人也相當擅長逃避。逃避是因為看不到其他選擇，而且我們喜歡這種立即（暫時）的舒緩效果。

但是，逃避你真正需要做的事情是有代價的。即使你以為自己沒有在想著這件事，逃避還是會耗盡你的精力。

真正持久的解脫在於不再逃避。確定你無限期拖延那些事項中，哪些要努力完成，哪些可以完全刪除，讓自己感覺更好。

練習 列一份恐懼清單

列出一份待辦清單，列出所有你正在拖延的項目。

當你同時逃避多件事情時，要怎麼做？例出一份恐懼清單。

這份清單就是待辦事項清單，但包含了所有你應該做、但不想做的事。那封未回覆的電子郵件、要給同事的意見（在關愛中糾正同事），以及你一直在逃避的帳單，以上這些事情，都是典型讓人畏懼的待辦事項。

這份清單是你自己的，所以請花點時間把任何你能想到的都寫下來。你可能會按照「電話」、「差事」或其他類別來分類。猜猜看，你恐懼清單上的項目有什麼共同點？那些都是你不想做的事！這樣的事項應該要有一份專屬清單。

一旦你寫了清單，專注一段時間（可能半小時，或更長時間，視任務而定）只處理清單上的那些項目，不做其他事。你可能要將這件事列入行事曆中，確保你會優先處理。

我知道，這麼做很痛苦。但請記住：完成那些困難的事，會讓你感覺非常好。

拖延這些事項在心理成本上是很昂貴的，因此不要在待辦事項裡一直拖延這些事了。列一份恐懼清單，花半小時完成這份清單，會讓你感覺更好。

13 迅速前進

避免「摩擦迴圈」，輕鬆度過一天。

在回覆電子郵件或其他訊息時，我要麼非常快，要麼非常慢。有時候，我很快回覆他人時，他們會對我印象深刻。但我自己知道真相：如果我不迅速回覆，可能就不會回覆了。

不只是回覆訊息會有這種回覆／不回覆的行為模式，因為回覆一則訊息通常需要某種程度的決策或確認。我可以例出一些類似的模式，在做出決定時會卡住，即使是非常小的決定。

■我今天午餐要吃什麼？

嗯，我有幾家常去的餐廳，或許我該試試新

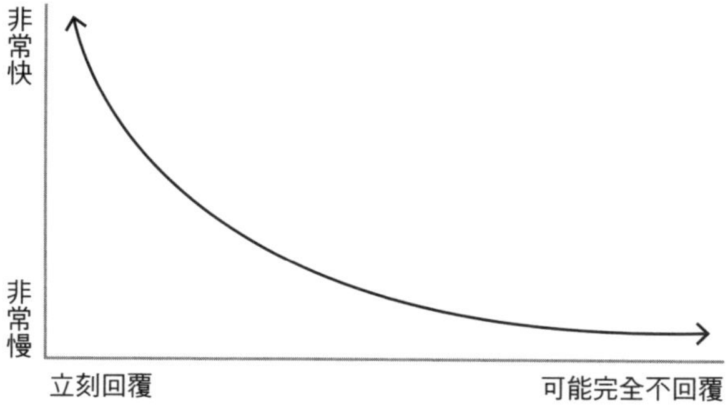

電子郵件回覆時間曲線

的店？還是我只要先吃點小點心，然後早點吃晚餐？太多選擇了。

■想找新的節目放鬆心情，該選哪一部呢？

當我打開 Netflix 時，我會花一個小時瀏覽各影片、閱讀評論和觀看預告片。當我下定決心看哪部時，已經太累了，什麼也不想看。

■我要計畫下週和朋友一起做些什麼事嗎？

我真的很想見見朋友，但不知道當天會是什麼情況，因此很難提前安排時間。或許我拒絕掉比較好，這樣就不用強迫自己參加不想去的活動，以免感到不悅。

（我很難承諾特定的時間和日期，因為我擔心自己沒有好好運用時間，或者到了那個時候會出現「更好的選擇」。）

到底發生了什麼事？摩擦迴圈！

我稱這些無益的思考模式為**摩擦迴圈**。如果我決策或執行簡單任務卻進展緩慢時，部分原因是我陷入了一個循環。我常忽略回覆訊息，但我已經讀過這些訊息了，即使我之後忙著其他事情，這些訊息總在潛意識中揮之不去。或是我花了時間研究要去哪裡旅行，但因為還沒決定，只好又回到瀏覽器那些我設定好的標籤頁，重新研究整個過程。這樣不停地循環不只沒效率，更是讓人感到沮喪。

摩擦迴圈使你陷入困境、來回折騰，無法取得真正的進展。你遇到的摩擦越多，就會浪費越多的時間和精力，而這些資源本來就已經不夠用了！

例如你在工作上遇到一件急事。摩擦迴圈思考模式看起來就像這樣：

上午9：00：「VP那封專案提案的電子郵件，我要立即回覆。」

上午9：03：「呃，我該用什麼措辭表達呢？不要顯得太急切，但也不想看起來不感興趣。」

上午9：07：「我可能要先列出我的想法。我先開一個新檔案……」

上午9：12：「其實，我可能要先查查最新的專案數據再回覆。那個試算表我存在哪裡了？」

上午9：18：「這些數字和我記得的不一樣。我和會計部的莎拉再確認一下。」

上午9：22：「我先給莎拉發個簡訊……哦，又來了一封緊急電子郵件。我應該先處理這件事。」

上午9：26：「好的，回到VP的電子郵件。我剛處理到哪裡了？哦，對了，專案數據。等等，VP會不會想要的是一個大方向的回答，而不是詳細的數據？」

上午9：29：「我可能想太多了。我應該寫一封簡短而專業的回覆。但如果我漏掉重要的事怎麼辦？」

上午9：32：「這樣吧，上午十點的會議結束後，我再來處理這件事，這樣我會更清醒。」

當然，等你再次回到桌子前時，又要重新開始大部分的流程。這麼耗費時間和精力，導致雙輸的感覺：「這些資訊現在可能有用，但也可能過時了。不過，如果我完全不回覆，VP可能會對我失去信任。」

之所以會有這種摩擦，往往源於潛在的恐懼或限制性信念，例如：

- **完美主義**：我必須做出絕對最完美的選擇。
- **對未知變數的恐懼**：如果選擇這個，我可能會錯過更好的機會。
- **冒牌者症候群**：我有什麼資格做這個決定？如果搞砸了怎麼辦？
- **全有全無的思維**：如果這不是一場明顯的勝利，那就是徹底錯誤的選擇。

摩擦迴圈讓你反覆懷疑自己、徒勞無功地打轉，無法採取有目的的行動。你感到焦慮與不確定，以為自己還要更加努力思考，但你真正需要的，其實是下定決心，往前邁進！

不斷地重新整理認知，就更難專注了，也會造成時間焦慮。**你該如何利用你的時間？接下來該怎麼做？**

當你在這些小決定前猶豫不決時，就會回顧所有未完成的事。在另一章我會討論，你可以將一些未完成的事永久擱置。但一般情況下，在這個充滿瑣碎決策的世界裡，我建議你迅速行動。做出決策，繼續前進。

「輕鬆迴圈」是摩擦迴圈的反義詞

你可能聽說過，情境切換（有時稱為多工處理）是無益的，並且會付出代價。這是真的！但這代價不是情境切換造成的，而是在切換前未能完成一項任務。當你完成某件事時（即使只是很小或簡單的事），你會感覺好多了。

一直完成簡單的任務，就能讓你遠離摩擦迴圈，而邁向另一面：輕鬆迴圈。

當你快速行動時，你不會被越來越多要完成的事所拖累，而是建立起一個「我完成了這件事」的心理存量。

就像電動遊戲關卡，但休息一段時間後再玩，你就直覺地知道該怎麼做了。你快速通過這個關卡，避開所有障礙，收集每個能量補充道具，輕鬆擊敗最後的頭目。

雖然事情不一定每次這樣順利。但這是一個理想的目標。

只處理一次

要邁向輕鬆並遠離摩擦，其中一個最佳的方法就是**練習快速做決定**。為此，事情只「處理」一次。例如：

- 你要處理電子郵件或訊息嗎？請逐一仔細查看，而不是挑挑揀揀或跳過不看。可以將這件事當成遊戲，在處理完一定數量後，給自己一個小獎勵，做點其他事情。
- 午餐該吃什麼好呢？考慮一下，然後做決定。做決定不需要花太多時間。或更好的是：提早選好一種健康午餐，讓它成為你的預設選擇。當不知道要吃什麼時，就吃這份健康午餐。

• 你該送朋友什麼生日禮物呢？做足調查就好，然後直接下單購買，不要拖，否則你可能又要重新搜尋和腦力激盪一次。

（注意：雖然未必每件事都能「只處理一次」，但要努力讓它成為一種習慣，並在可以時盡量遵循。）

那麼，慢活文化呢？

作為對生產力文化的回應，有些人指出極簡主義或「慢活文化」的概念，這些概念有許多不同的詮釋。然而，在我們這裡，「慢」是問題，並不是解決方案。

慢悠悠地享用一頓飯，是和朋友共度時光的理想方式。不過，決定每天的午餐或固定的雜貨購物清單，應該要迅速又容易才對。

一開始很難看出這兩種觀點的區別，但隨著你越來越常練習快速決策，就越能分辨它們的不同。你可以節省精力，獲得更多能量，投入到真正重要的事。

走出困境

如前所述，「只處理一次」並不是一種一勞永逸的習慣（儘管目標如此！）。你可能會在摩擦和輕鬆之間，經歷此消彼長的循環模式。當你陷入困境時，有一件事能幫助你：**專注於接下來正確的那一步**。

之所以會摩擦，因為你想著要處理的是整個過程。真正的輕鬆是依次一步一步來。問問自己：「我可以採取什麼小行動向前邁進？」然後就去執行那個行動，這樣就會回到輕鬆的軌道上。

這麼做還可以幫助你簡化重複性的決策，免去一再做出同樣事件的決策。為什麼有些人會提前準備一週的餐點？或預先挑選服裝？或以「批次」的方式處理任務？因為這樣他們就能一次清除掉幾天或幾週的工作。（涉及的變數越少，你遇到的摩擦力就越小。）

摩擦迴圈磨損我們，而輕鬆迴圈則讓我們提升。我們要朝著輕鬆迴圈前進，遠離摩擦迴圈。

練習 確認按鍵從不讓人失望

你還在考慮上網預訂機票和飯店，或其他服務嗎？這裡有個瘋狂的想法：直接按下確認鍵預訂吧。

談談我經常旅行的經驗，我每週會花好幾個小時制定旅行計畫。我常在各種選項之間來回反覆，有時會猶豫不決，感到困擾。那份錯失恐懼症是真實的。

我的朋友史蒂芬妮也經常旅行，雖然我們的經驗都很豐富，但她在預訂行程上表現更出色，其中一個關鍵原因：**她學會果斷行事**。我問她是如何決策的，她的回答是：「別想太多。」

以下是她的說法：

因為想要找到最好的選擇，所以我常在瑣碎的事上浪費很多時間。但事實是，沒有所謂最好的選擇，或最好的選擇可能有好幾個。到頭來，住哪家飯店或如何從機場到達飯店，可能都不太重要。

當你做出決定後，就可以繼續進行其他的規畫。但若沒有做出決定，你就無法繼續前進。

自那時起，好幾次只要我意識到自己正在浪費時間重新整理行程、開啟新的瀏覽器分頁檢查其他選項時，我就套用史蒂芬妮的模式，她稱之為「只要他媽的訂票就行了」。

在線上購物時，選了商品後，是不是有一個最後確認的按鍵？別猶豫，按下確認鍵感覺真的很好。確認按鍵從不讓人失望。

14 事情沒完成也是生命中的一大樂事

為了省下更多時間和放鬆，就試著不要完成每一件事。

你可能無意識地吸收了另一種錯誤的觀念，那就是：事情要有始有終。

其實，很多事情是可以棄而不顧的！而且，如果你養成「不完成」的習慣，你的情況會好很多。

例如，我認識一些人，一旦開始，他們就堅持要讀完那本書，不論他們對這本書的看法如何。雖然人各有所好，但我個人認為這麼做是錯誤的。世界上有許多非常出色的書籍，即使你將清單縮小到絕對最愛的書單，你也讀不完。

那麼，為什麼要強迫自己苦讀一本你根本讀不下去的書呢？更好的做法是停下來，轉向另一本你可能更享受的書。

同樣的邏輯適用於所有形式的媒體和娛樂：電視、電影、遊戲等等。外面的世界有那麼多美好的事物，即使你已經開始了那件事，但如果中途覺得不值得，就不要花太多時間在上面。

不完成並不代表你討厭它

「不完成」不只是適用於你不喜歡的事物。也許你在那本書前幾章已經學到了所需的知識，也許那部電視劇的第一季很精采，但沒必要無止境地看下去。你享受它，直到不再享受為止，那就是**停止觀看**的時候。與其狂看猛看，不如回味其中美好的片段。

採用這種做法，你會體驗到兩個驚人的好處。首先，你將省下大量時間。即使你的閱讀速度很快，平均也要四小時才能讀完一本三百頁的書。如果你讀了五十頁仍然感覺不適合你，那就不要讀了，省下三個小時的時間。這部節目第五季起初表現出色，但後面就只是按部就班演下去，重複相似的情節，只是角色稍有不同。要看完還要花九個小時。

第二個驚人的好處是，遠離某些事物會讓人感到無比自由。如果你習慣了有始有終，起初，不完成可能會讓你覺得很不習慣，就像是逃學或做壞事一樣。你可能會感覺不太好，因為你不習慣提前退出。

但很快地，在那之後你就會感覺越來越好了，事實上，是好很多。你會因為自己的直覺值得信任，且能繼續前進而感到自豪。

這尤其適合有關錢財的事，例如在電影院看到一半中途離場。沒錯，你是付了錢，但如果不喜歡，那就無所謂了。大膽一點！提早離開，讓自己贏回時間，用在其他事情上。

提早結束，也適用於社交場合

在生活的各面向，也能採用這個原則，不只是書籍和電視，任何不愉快或無益於你的事，都應該果斷放下。提早離開無趣的派對、委婉退出徒勞沒結果的會議。（給家長的提醒事項：你當然希望多陪伴孩子，但是否有必要參與他們每一場課後或運動活動？對某些家庭來說，這樣的參與已經是一份耗時費力的兼職工作了。）

我知道在社交場合迅速抽身比較困難，但你越能「不完成」某些事，就越能體會到上述的兩個好處：擁有更多時間，以及更會因自己「重視熱愛之事」而感到驕傲。

可以幫你迅速抽身的方法之一，是有策略地避開那些難以結束的情境。我一位朋友離婚幾個月後，開始了線上約會。她不確定自己要找怎樣的對象，因此想見很多人，好了解清楚。

這是一項有趣的實驗，她從中學到了一件事：晚餐加上看電影（有時候只是晚餐！）對於第一次約會來說時間太長了。於是，在約會前，她會先買一杯外帶咖啡或茶，然後近傍晚時分去散步。散步讓整個過程更有活力，不是只坐在餐廳裡面對著陌生人，此外，散步也給人一種不會超過一小時的感覺。

當然，如果她或約會對象都感覺氣氛很好，隨時可以把約會延長到一起吃晚餐。如果不是這樣，約會就在散步後結束，互相道個晚安，然後我朋友可以繼續她的生活。她不會覺得被迫和那人相處更長時間，也不會覺得道別是不禮貌的。

給自己一個大大的恩惠，學會不完成。你會省下時間並建立自信。你甚至可能會將不完成變為你最喜愛的習慣之一。

練習 現在就離開

放棄那些你不喜歡的活動，並提前退出那些對你不再有益的約定。

這個世界充滿了美好的體驗。放棄不再讓你快樂的事物，去探索一些不同的東西吧。

第一部：重新評估你目前涉及的程度

想想你目前正在消費的媒體。你現在在讀哪本書？你最近在看哪些電視節目或電影，還有在玩哪些遊戲？你每天習慣瀏覽哪些網站？

如果你喜歡這些娛樂，那就太棒了！但是，如果你發現自己做這些事只是出於習慣，或只是之前覺得不錯，那麼可能有其他更好的選擇。

養成習慣，重新評估並放下任何對生活沒有價值的事物。

第二部：練習提早離開的藝術

將這種不完成的心態延伸到生活其他領域。如果在一場令你不愉快的派對上，允許自己先離開。這家餐廳的菜單你不喜歡？換一間更好的吧。我的意思不是指

「現在先在這裡吃，下次再去別家。」我的意思是：起身就走吧！不值得你花時間留下來。

隨時都有其他選擇。放下那些沒辦法為你帶來快樂的活動，就能重新獲得時間去做讓你快樂的事。

放下「你必須有始有終」這種信念。相反地，你可以「買回」原本要花費的時間，並將時間投入在令你更愉悅的事情上。

15 鉤針編織對你有益

像鉤針編織、手工藝，以及桌遊等輕鬆愜意的嗜好，可以降低你的焦慮，並延長注意力。

雖然我的童年有時候並不那麼恬靜愉快，但很幸運能在關心我的祖父母身邊成長。我最美好的早年回憶之一，就是在奶奶的花園裡和她一起工作。我們還花了好幾個小時玩各種棋盤和紙牌遊戲，有時也會和其他家人一起玩，但通常只有我們兩個。

當我聽到**祖母級愛好**這個詞時，我忍不住想到了她。這類愛好就如同其名，主要是鉤針編織、烘焙和園藝等，常常會和年長者聯想在一起。這些需要觸覺和重複性的活動，可以讓我們進入心流狀態，時間似乎變得更為寬廣，和時間緊迫的感覺完全相反。

我最初是從阿努．阿特魯的貼文知道祖母級愛好的，她是一位醫生、藝術家和發明家！阿努會在空閒時寫隨筆。阿努注意到有些人可能不喜歡「祖母級愛好」這詞，但對她來說，這個詞是有魅力的。再說，之所以會建議年輕人從事「老人家的活動」，正是因為那些祖母或許早已掌握了某些重要的道理。

感到慌亂嗎？或許你該試試編織，或者嘗試某種觸感明確、非數位的手作活動，這類活動可依你需求隨時開始或中斷。

動手，不動拇指

阿努將大多數祖母級愛好描述為「動手，不動拇指」，意味著你要用手操作，但是不需要用拇指滑動手機螢幕。（你可能也會用到拇指來做這些愛好，但重點是它們不需要手機。）

祖母級愛好屬於低強度活動，也就是說這些活動可以很容易開始和放下。隨著練習你也會不斷進步，但大多數的基本功很快就可以學會。你在某一種手作技藝中培養出來的技能，通常在其他類似的技藝上也能派上用場，讓你更願意嘗試新事物。

最後，這些輕鬆愜意的嗜好相對來說風險較低。如果你正在學習烘焙，不小心把蛋糕烤焦了，沒關係。你可以再試一次，無論是當天稍後，或是等你想回頭再處理的時候都可以。相比之下，你還沒刪除資料庫，或將錯的電子郵件副本寄給全公司。

祖母級愛好不僅有趣，對你也有益處

《紐約時報》提到，最近兩項研究發現，編織、園藝和著色等嗜好，與記憶力和注意力相關的認知改善有關，並能減少焦慮和憂鬱症狀。這樣的效果，真的很難超越！

祖母級愛好也提供了小範圍的控制感和掌握能力。如同前幾個章節探討的，試著接受許多事情不在自己的掌控之中，對你是有幫助的。但有一件你能完全掌控並隨著時間也在進步的事，是很不錯的。大多數的祖母級愛好完全符合這項描述。

說到祖母級愛好也會讓我想起一些熟悉的人，他們利用閒暇時間做居家改造、專業木工或其他建造活動。如今，大多數人花在螢幕的時間太長了。如果你不從事技藝相關的工作，可以試試一些要動手的嗜好，可能會讓你滿足。

我也聽過一位加拿大木匠的反向做法，他開始一份和電腦相關的副業。在當木工之前，他曾是一名平面設計師，他對那類的工作仍然充滿懷念。

這兩種方法都指出一個普遍的方針：你下班後的計畫（或興趣）可以和你的日常工作有著明顯的區別，這麼做對你或許有益處。

社交還是孤獨

大多數祖母級愛好的另一個有趣之處，即能獨自進行，**也可以**和他人一起進行。兩種都有好處。如果你想交更多朋友，想找一些同樣想放下手機、志同道合的朋友，那你可以加入某些手工藝團體。

例如在一些城市都會舉行桌遊、紙牌的「遊戲之夜」。零售店也常舉辦各種活動，例如拼圖商店會舉辦拼圖之夜、編織商店則會舉行編織俱樂部等等。

如果你想找這類的活動，可以線上搜索你所在地區的「遊戲之夜」或「拼圖之夜」。你也可以考慮在 Meetup.com 或 Reddit 等社群平台尋找其他活動。

你擔心自己一個人去嗎？提前傳訊息給主辦單位，他們會協助你聯繫。你擔心自己技術不夠好嗎？你當然不必成為專家，這類團體的重點就是建立**社群**。讀書會其實不僅僅是關於書本，編織小組也不只是關於編織。

當然，這些愛好不一定要成為你的社交活動。如果生活中已有足夠的社交互動，可能你更希望在平靜中做手工藝。祖母級愛好不僅強度低，而且承諾少。當你想從繁忙生活中喘口氣時，隨時可以回到祖母級愛好。

嘗試祖母級愛好

著手開始是很簡單的。首先，選擇一項你喜歡的祖母級愛好！其中包括：**拼布、賞鳥、拼圖、製作蠟燭、插花、家譜研究、烹飪、書法、編織、攝影、木工、陶藝、繪畫、園藝、桌遊或紙牌遊戲、麻將、剪貼簿、縫紉、閱讀、寫日記、收集、烘焙、刺繡、手工藝製作和繪畫**。

請記住，這些愛好的關鍵點是**動手，不動拇指**（不滑動螢幕），並且**強度低**，這意味著風險低，可以長時間進行或暫時擱置。

接下來，制定開始的計畫。每種祖母級愛好都有龐大的教師和從業者的生態系統。YouTube 上有很多詳細且免費的影片可以觀看學習。大多數指導都是針對初學者的，所以你會很自在。你也可以造訪當地的手工藝品店，除了舉辦活動外，他們也很樂意幫你準備入門所需的新手包。

接下來的建議規模就稍大一些，但你也可以試試規畫整整一年的活動，每個月嘗試一種新的：

一月：陶藝

二月：製作蠟燭

三月：鉤針編織

以此類推。

以觸覺為主的非數位活動有什麼特別之處？這種重複性高且低調的活動，會讓人感覺很好。當你找到適合的祖母級愛好時，時間往往會以不一樣的方式經過。這種活動就是一種過度專注，但比我們在工作高峰時的過度專注來得柔和一些。

你可能聽過指尖陀螺或其他的減壓玩具。這些小東西通常是手持物品，用手指操作，而且要反復操作，它們產生的視覺和觸覺回饋讓人感到舒緩或滿足。

其實，很多祖母級愛好也具備這種「小物把玩」的終極功能！例如編織和刺繡，非常便於攜帶。你不僅可以輕鬆開始、暫停和繼續，還可以隨處進行。

從減少焦慮到增強認知注意力，這些活動有很多讓人喜歡的地方。在一個充滿壓力和時間匱乏的世界裡，也許我們都需要一種祖母級的愛好。

練習　打包便於攜帶的物品，隨時可以進行觸覺放鬆活動

無論你是否全心投入某項祖母級愛好，可以選擇一種可隨身帶著的活動，即使離家在外，或有空閒的時間都能進行。

隨身攜帶一種可以動手的活動，讓你的眼睛和大腦離開螢幕，得到休息。包含：

- 一個小型編織工具包
- 一本數獨或其他解謎書籍
- 某種解壓小玩具
- 某種類型的日記
- 其他

無論你選擇哪一種，都要將這些物品放在方便的地方（例如門口旁，或和你的鑰匙、手提包放在一起），這樣出門時就會記得帶上它們。

試試看，下次短暫休息時，不要滑手機，而是用新學到的手作活動來消磨時間吧。

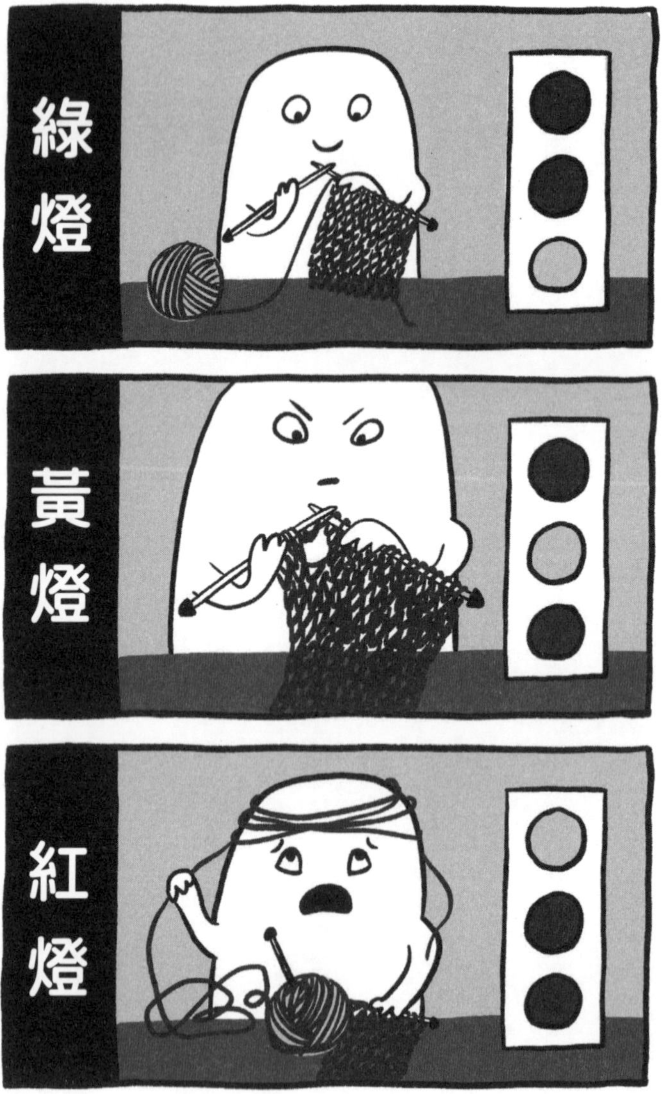
綠燈
黃燈
紅燈

16 專注與疲勞的紅綠燈模型

為什麼有時候你像邊境牧羊犬一樣充滿活力工作，有時卻像樹懶一樣懶散？

上週我對這件事情充滿了興奮，但今天卻一點動力都沒有。

我在玩遊戲或看電影時可以專注好幾個小時，但在工作時就無法專注那麼久。

有時候我可以完成很多事。但也有時我連一些非常基本的事都感到很困難。

以上這些情境你熟悉嗎？在起伏不定的能量和動力之中掙扎，會讓人沮喪，而這種問題，大多數提升生產力的方法也無法解決。

我想跟你分享一種「過度專注—筋疲力竭」的循環。多年來你可能都是這麼運作的，但卻沒意識到。就像時間盲點一樣，這種循環特別適用於注意力缺失過動症（ADHD）患者，但也適用於那些納悶自己為何有時充滿動力，有時卻連最基本的進展都難以推動的人。

正如你從這名稱中猜到的，「過度專注—筋疲力竭」循環由兩個元素組成：**過**

度專注和筋疲力竭。

過度專注・筋疲力竭

過度專注：對某項任務保持深度且持久的專注，有時會導致你對時間失去掌控。

筋疲力竭：長期壓力引起的疲憊不堪，降低你的動力和生產力。

過度專注—筋疲力竭循環常被描述成負面、應當避免的狀況。我找到一個定義，是這樣的：

> 過度專注—筋疲力竭循環是一種**生產力陷阱**，強烈且不間斷的工作可在短期內帶來顯著成果，但最終還是會導致身心疲憊。為了避免這種情況，務必在工作過於緊張之前暫時離開。

但上述的定義就是一個很好的例子，說明了對某些人來說是正確的事，對其他人來說卻不是如此。對大部分人來說，以過度專注來完成工作是相當正常的。那些

「傑出成就」，即使是短期的，也值得慶祝。此外，過度專注的時光也很有趣！如果你對某件事感到興奮，並想全心投入一段時間，為什麼不去做呢？

更好的做法是完全了解這個週期，並**學會以休息代替筋疲力竭**。錯誤的點在於，以為自己能夠不斷保持過度專注。但這是不可能的，所以你要在高強度的過度專注期之間，給自己留一些休息的時間。如何做到這一點，可以學習紅綠燈顏色的模型。

紅綠燈策略

當你過度專注時，必須意識到遲早會疲憊不堪。請想像一個紅綠燈系統，你有三個「區域」可以運作。

綠燈：你處於心流或過度專注狀態，工作效率高且效果顯著。你充滿活力、積極投入、生產力旺盛，猶如綠燈指示，可以持續前進。

當你處於這個區域時，盡情享受吧！要避免分心，因為你可能會偏掉而過度專注在一些不那麼有用或有益的事情上。

黃燈：你漸漸接近危險區域。雖然可以完成一些任務，但你可能忽視了疲勞或過度工作的跡象。黃色區域是警告，要減速、休息，並重新評估你的工作量，以防掉入紅色區域。慢慢來。

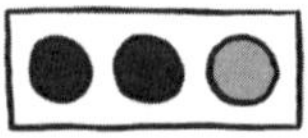

紅燈：你已經達到極限了。當身體和精神過度疲憊時，生產力就會下降。就像紅燈一樣，這個區域表示你要暫停。在回到綠燈區域之前，你要休息、恢復並重新評估。在紅色時段進行高強度工作是適得其反的。

你可以在短時間內就體驗到這些變化的區域，例如專注工作的一小時中。然而，把一整天看作是綠燈、黃燈或紅燈狀態，可能更有幫助。有些日子就是比其他日子感覺不同，對嗎？你有精力充沛的日子，也有平平無奇的日子，還有一些日子甚至連簡單的事都難以完成。

如果你回顧生活中的紅綠燈狀態，可能會浮現一些明顯的啟示。其中一項重要的啟示是：在較長的時間範圍內評估自己。

在較長的時間範圍內評估自己

任何一天都有可能偏離軌道。交通變得混亂，發生突如其來的緊急情況，或者，你被迫將注意力從原本最愛的計畫轉移到其他事情上。因為，並非一切都在我們的控制之中，我們無法保證每一天都充滿「綠燈」的順利能量。

嘿，這是常有的事！

甚至，讓你偏離軌道的可能不是外部的情況，你自身的能量也會受到生物因素的影響，包括激素、營養和年齡。基於以上所有理由（以及其他更多的理由），以一天做為單位評估自己是沒有幫助的。

因此，不要以每天的狀況來評斷自己，應該從長遠的角度來看，擴大可用數據的樣本量。可以試著對你的工作和生活進行每週、每月，甚至更長期的評估。我們稍後也會討論一個原則：**你**

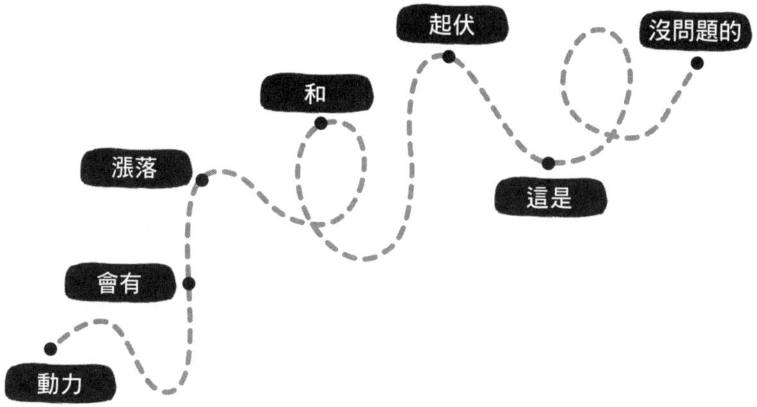

會高估自己一天內所能完成的事情，但低估了長時間內所能取得的成果。

這項原則，也為那些自認為沒有以理想方式撫養孩子，而感到內疚的父母，提供了一些建議。或許今天你讓孩子吃了三根棒棒糖，或是一場重要的工作會議讓你錯過了孩子的課後活動。但你是否已經盡力好好培養他們了呢？那就好。這些經歷會隨著時間的推移而逐漸平衡。

此外，長時間的觀察週期對其他方面也有幫助。正如一位注意力不足過動症教練向我解釋的，她的一項重要目標，就是幫助大家在紅燈或黃燈的日子裡，允許自己休息。他們原本會覺得自己「不能」或「不應該」休息，但如果他們能以宏觀角度看待，看到他們在綠燈的日子裡多麼富有成效，就更願意允許自己休息。

休息會來，不論你願不願意

從過度專注的模式中抽離，給自己一段時間休息是必要的。你的身體需要休息，不管怎樣都會需要，而休息就像睡眠一樣重要。不管你喜不喜歡，你都必須睡覺，但有一些方法可以讓你**睡得更好**。

你可以每天晚上不情不願上床，捲在被窩裡滑手機看短片直到入睡，或者你也可以培養一套健康的睡眠儀式，讓身體準備入眠。*當你選擇健康的生活習慣時，每天早晨都會覺得充分休息了，可以更好地迎接新的一天。

在工作中休息的道理也一樣。你不可能隨時都處於過度專注模式（先承認這一點吧）。當你產生時間焦慮時，往往不允許自己休息。認知扭曲會挑戰你想休息的意願，包括：

「我明天必須提前一小時起床，因為還有很多事情沒有完成。」

「如果我多喝點咖啡，我就能硬撐過去。」

「我需要更聰明地工作，**還要**更努力！」

這類嚴厲、但自以為是愛的自我對話，通常都沒有幫助，只有極少數例外情況下有用。你的身體需要休息，就像需要氧氣和水一樣。

無論如何，休息最終都會來臨。與其陷入筋疲力盡的狀態，不如提前做好準備，迎接休息。

*我的夜間儀式依情況而變化，但通常包括：晚上八點後限制進食、看電視和玩遊戲，然後在睡前喝一杯含鎂飲料和閱讀一小時。

黃燈日子時該做什麼

現在，你已經理解在綠燈或紅燈的狀況下，該怎麼做了。綠燈代表可以走！紅燈代表停。但是黃燈呢？

這種中間狀態可能會讓某些人感到困惑，不只是因為你難以進行高強度的認知工作。事實證明，黃燈，就是街道上的黃燈，也很棘手。在更新駕照時，我才了解各州和各個地區對於黃燈的規定都不同。有些州屬於「寬容的黃燈」，駕駛者在接近黃燈時，只要還沒亮起紅燈，即可通過路口。有些州則是「限制性黃燈」，情況是相反的，駕駛必須在黃燈時停下，除非這麼做不安全。同時，很多州根本沒有明確規定黃燈法規。你下一次橫越全國自駕旅行時請小心！

我們回來談過度專注和筋疲力竭吧：接下來談的是你在黃燈日應該做的事情。

一、降低產出目標

如果你在黃燈的日子無法做到輕鬆以對，那至少試著放鬆一點。無論你的工作配額是多少，試著降低一點。例如，在綠燈日你可以完成五項重大任務，那麼在黃燈日就只安排兩項吧。

（回想第八章的練習「工作怎樣才算完成？」你能自行決定任何一項任務的終點在哪裡。）

二、做些不同的事

做點其他的事情吧！在黃燈日那天，如果你換個項目來做，而不是繼續處理原本的事，或許仍然能發揮出相當於綠燈日整天的工作效能。黃燈日子非常適合從事副業或其他不相關的專案。你不必整天都放鬆（當然，也可能做不到），只要謹慎些，因為你不是處於最佳狀態。黃色並不代表「主要是綠色」。

三、堅持到底（但要準備好付出的代價）

有時候，根據工作和工作之外的生活狀況，你只需放手一搏。這是常有的事！只是不要期待自己能夠經常這樣，而且這樣做也可能是沒有後果的。

多年來，我主辦一個為期一週、參加人數超過一千人的年度活動。那週我和我的小團隊非常忙碌。

沒辦法，我們每個人都肩負了很多責任，我們很希望來參加的人，在這一週裡感到開心。

週末結束後，我們都累壞了。每個團員都花了好幾天才恢復過來，我們也學會了在那幾天避免安排任何重要或緊急的事務。幸運的是，在接下來有好幾個月的時間，我們可以從事其他事情，然後才開始為明年的活動進行新的規畫。

在那段必須硬撐過去的階段，一旦度過了難關，請盡可能溫柔地對待自己。過度專注也可以是很有趣的，所以別害怕投入其中。同時，過度專注會造成生理上需要休息和恢復，所以一定要規畫好。

了解過度專注–筋疲力竭的循環，可以讓你運用策略以更有效率地工作，並減少「生產力較低時」的焦慮感。

最後，不要只根據某一天的表現來評價自己。有些日子，儘管你已經盡了最大努力，仍會不如人意。請評斷你較長時間週期中的所有行為，看看是否會有不同的感受。*

審慎運用，過度專注可以成為一項強大的工具。然而，不要期望自己能一直處於過度專注的工作狀態，這樣會導致筋疲力竭和更強的時間焦慮。

*感謝妮可．布爾薩拉和我分享紅綠燈的比喻。

練習 「此刻對我來說什麼是重要的？」

停下來，問問自己在這一刻什麼是重要的。

就像積極專注一樣，簡單盤點真正重要的事，也會產生效果。這可以做為調整工作的起點（重新確定優先順序，或轉換排檔做些不同的事），或單純只是一個你注意到的觀察點。我接下來要說的，就是你該怎麼做。

在忙碌的一天中，或當你感到事情接二連三向你撲來、不知所措時，只需暫停片刻。

深呼吸幾次。

接著，問問自己：**此刻對我來說什麼是重要的？**

你的答案應該相當直觀（當你仔細思考時就會知道），但在你充分思考這個問題時，請給自己三十秒的時間。

無論你的回答為何，都可能讓你重新考慮你的待辦事項。可能會使你退出自動模式，進入更深層次的專注工作狀態，可能會使你暫時離開工作幾分鐘或幾小時，或者，可能什麼也沒發生。在思考過這問題後，如果你的答案是「就是我現在正在做的事情」，那就太好了。繼續做下去。

17 有時候輕鬆的行程表反而比滿檔的更難應對

為什麼當我們比較不忙的時候，反而會感到更加不堪重負？

來自洛杉磯的專業配音員塔妮雅告訴我，她很難理解自己的時間都去哪裡了。「妳一直都有這種感覺嗎？」我問她：「還是自從疫情以來更加明顯？」「好像一直都是這樣。」她說：「也許自從疫情開始後更容易這樣，但奇怪的是，以前我的行程總是排得滿滿的，現在雖然有很多時間，反而感到壓力更大了。」

這是我們和時間的關係的另一種奇怪模式，乍看之下並不合理。如果你有更多空閒時間，不是應該更加放鬆嗎？然而，有時候情緒的運作卻剛好相反：**輕鬆的行程表反而比滿檔的壓力還要大**。

我特別注意到，這種感覺經常發生在剛開始創業的人身上。當他們的副業進展得非常順利時，他們會賭一把，辭去正職，全職投入自己的新事業。他們想像，一旦自己不再需要對他人負責之後，就會有「更多的時間」。

但正如你所猜測的，情況恰恰相反。他們不是利用行程中多出來的時間擴展業務，而是陷入了停滯。最初的幾天，甚至幾個星期感覺很好，但過了一段時間後，擁有大量自由的時間竟然變成了一種意想不到的負擔。

別誤會，擁有更多閒暇時間當然比更少要好。如果你的行程排得滿滿的，連喘息的時間都沒有，最終會感到筋疲力竭。雖然空閒時間多比較可取，並不代表這個替代方案沒有問題。

對大多數人來說，這是人生中最大的一個問題：在無數的選擇中，我們該如何最好地利用擁有的時間？

你的每日生產力時間有自然的限制

在《創作者的日常生活》一書中，梅森．柯瑞記錄了莫札特、貝多芬、托爾斯泰等名人的生活和工作模式。柯瑞的研究

最大的發現是，**大多數人每天最多只能專注工作三到四小時**。即使是多產的作家和藝術家（如查爾斯・狄更斯、瑪雅・安傑洛、巴布羅・畢卡索等），也很少能夠堅持工作一整天。他們具體的日常慣例有所不同，但共同的模式是上午投入幾個小時的專注工作，隨後從事專注工作以外的其他活動。

狄更斯經常在城市中長時間散步，提升觀察力，而且是他創造力的關鍵。貝多芬的工作方式基本上是相同的，每天早上六點起床，精確揀出六十顆咖啡豆，準備早晨的咖啡，這或許是他對細節高度重視的跡象。他在一間簡樸的辦公室完成工作（沒有干擾！）之後，出門吃午餐，並在維也納森林裡長時間散步。儘管他會在休息後回到工作崗位修訂譜子，但這種長時間的中斷對他的工作而言，是必不可少的。

回到創業人士的例子，他們犯的錯誤之一，是誤以為自己會有更多的生產時間。某種程度上來說確實如此：他們認為自己之前（或下班後）的副業都「壓縮」在一段集中的時間之內進行。現在有了更多的時間，一定會大獲成功！

問題在於，他們之前可能是以極高效率，完成了這項工作，但這種極高效率是無法神奇地大幅提升的，更不可能填滿一天中額外的許多小時。

因此，他們從以前每天工作一小時，增加到現在每天工作八小時，幾乎可以肯定的是，他們的效率不會提高到八倍。或許可以將產量翻倍，這已是一項巨大的勝利。但他們不應該期待自己可以維持長時間的極高效率。

當然，你可能會說：「但是，我的工作需要每天投入超過三到四小時的時間。」

是的！我指的限制在於，那些需要高度認知專注力的工作，這種工作通常無法整天持續進行。

專注力具有自然的限制性。即使你可以完成一整天的工作，但如果想要產生預期的效果，你要將這些專注性的任務和不同的事情穿插進行。

學會管理自己，而非時間

一旦了解每日生產力的時間有其自然極限，就會明白為什麼擁有更多空閒的時間，會比緊湊的行程表更讓人感到有壓力或不知所措。

面對這種情況，錯誤的做法就是不顧一切地填滿自己的行程表，只因這麼做是你熟悉又舒適的方式。你最好能在這種約束下學會自我管理，然後將剩下的時間用於其他事物上！

以下是幾個選擇，你可以這麼做：

- **「像以前那樣工作」，但以新的時間表來進行**。不要將一天分為八個小時的片段。想像你在很有限的時間內要完成最重要的任務。理想情況下，盡量在早上優先處理這些任務，或至少在開始工作後盡快完成。
- **或者，引入新的日常慣例**。你不再需要像以前那樣工作相同的時數，那麼，怎樣的方式對你來說效果最好？當空閒的時間太多時，根據你理想的工作時間設計新的行程表。
- **明智地利用「高效時段」**。雖然大多數人在早晨效率最高，但這並非放諸四海皆準。當然，你可能有一些不可控的時間限制。目標是：盡可能保護你的高效時段，並將高效時段用在最需要腦力的任務上。
- **以對待工作的態度來看待健康問題**。無論你是剛辭掉工作，或只是生活步調變得比以前輕鬆許多，這都是一項重大的改變。在調適的過程中，盡量維持其他健康的生活習慣。別忽視像是飲用充足的水分、經常活動身體，和規律用餐這些簡單的事情。

寬鬆的行程安排，有時在心理層面上反而比緊湊的行程更具挑戰性，但不必擔心。別害怕為自己的日程設定一些符合自身需求的界線。事實上，你可以試著有意識地建立一些內建的限制。請考慮這個問題：

如果你「必須」大幅減少在某件事情上所花的時間，你會怎麼應對？

我開始思考這個問題，是在某次得了重感冒、病了超過一週的時候。那段時間我每天大部分時間都在睡覺，而且可能也花了不少時間在抱怨自己生病這件事。當然，我還是得在某些時候工作。我的精力始終處於低點，但偶爾會鼓起一點力氣，趕緊處理幾項任務，或勉強回覆一些訊息，然後又癱倒在沙發上，再睡上一大覺。

當然，你不必到了生大病的地步，才把工作嚴格地進行分類和優先處理。你可以決定只用多少時間來處理一件事，然後決定怎樣才能最好地利用這有限的時間。當你有明確的限制時，就會消除許多多餘的活動。

你也可以將這種思考訓練用在工作之外的事。如果你必須在十五分鐘內完成一場訓練，你該怎麼做？如果你要策畫一次長時間旅行，但不要花幾週的時間研究，而是給自己兩天期限預訂所有行程，你會怎麼做？

這樣你就明白了：限制和約束是有益的。如果你的日子不是按固定的時間表進行的，那就創造你要前進的順序。

我們之所以感到忙碌或不堪重負，不僅僅是因為可支配的時間多寡。有時候，空間的行程表反而比滿檔的更讓人感到束縛。

練習　檢視你如何利用未安排的時間

分析你的空閒時間，讓自己更有意識地運用空閒時間，而不是斤斤計較每一分鐘。

「你樂於消磨的時間，就不是浪費的時間」是句老話。這邏輯聽起來合理，但那些不知不覺消失的時間又該怎麼解釋呢？

當我和別人談論時間焦慮時，他們常對這種失落的時間感到困惑。「我知道自己每天都浪費了很多時間，但不知道這些時間都去哪裡了。」這是常見的說法。要解決這個問題，可以使用一種簡單的追蹤系統找出答案。如果你沒試過這個方法，它可能會給你一些啟發。

不過，無論有無系統，你都有可能找到一些可以從生活中刪掉的活動，騰出更多時間。在練習「時間斷捨離」並精簡你的行程安排後（參見第一章，第30頁的方式），你可以想看看如何利用未安排的時間。

未安排的時間是指那些沒有明確分配給特定任務或約會的時間。可能包括瀏覽社群媒體、等待某件事開始，或只是發呆。這是時間流逝而我們卻未察覺的時刻。趁這次回顧，記錄下幾天的日誌。記錄你如何度過未安排的時間，即使只是十分鐘的間隔。要對自己誠實，我們的目的不是評價，而是理解。

你可能會發現一些模式，例如你一空閒就是拿起手機，或花了大量時間在非優先事項的活動上。

有些人發現自己沉浸於「時間碎片化」，注意力分散在許多細小的、通常是沒有生產力的活動上。有些人可能會意識到，他們花了大量時間在不是自己優先選擇的特定活動上。

重要的是，這項練習的目的不是要精確管理你一天中的每一分鐘，也不是要消除所有的休閒時間。這只是為了讓你明白，你比自己原以為的擁有更多空閒時間。

正如一個甜甜圈不會導致肥胖，沒計畫的一分鐘也不會導致時間浪費。在檢視你的未安排時間時，可以留意那些比較長的、對生活沒有正面貢獻的時間上。不要設想充分利用每個十分鐘，那只會讓你更加焦慮。

如果你想做更多真正重要的事，就必須捨棄某些事。這不是為了「少做一點」，而是因為時間有限，你希望盡可能把時間花在你認為有意義的事情上。

第二部摘要

時間本身不會改變，但我們對時間的感知會改變。在不同的年齡階段，你對於相同的時間長度會有不同的體驗。

暫時逃避困難的事情可能會讓人感覺良好，但逃避也帶來了持續的心理代價。列出你正在逃避的「恐懼清單」，並撥出三十分鐘專注在處理這些事情上。之後你會感覺好得多，也會持續更久。

學會迅速處理世界上的各種事務，至少是那些影響較小的任務，這麼做能幫你騰出時間與心力，專注在更重要的事情上。

像鉤針編織（和其他）這類以觸覺為主、而且壓力不大的傳統嗜好，會讓人意想不到地感覺自由自在。這些傳統嗜好能讓你感受到控制感和掌握感，並且可以邊學習邊社交，或自己獨自完成。

高強度的工作期（過度專注）可能非常有幫助！我們只要記住，人不可能一直以相同的速度工作。請平衡過度專注的時間和規畫好的休息時間。

大多數人每天專注工作的時間天花板大約是三到四個小時。學會接受這個限制並適應它，而不是對抗這個限制。

插曲　無法複製全球著名領導人生產力模式的原因

你說你正在寫一本關於時間焦慮的書，這本書會包含什麼呢？你會提供什麼建議？儘管你對這個議題非常熟悉，卻擔心沒有什麼可說的。**人生艱辛，終將落幕**。這是真的！但這種邏輯有幫助嗎？

艾琳娜從巴黎寫信給你。她是一位獲得多項獎項的紀錄片製作人，常常在世界各地的會議和公司發表演講，也經常在社群媒體上發文。她有一個兩歲的孩子，正在學習三種語言。艾琳娜想知道你是否還有其他關於時間焦慮的課程？她想加入。但你想知道，你還能教她什麼。

事情走到這一步，彷彿是一種清算。人們總是認為你「很有生產力」，但你知道有很多人比你**更有**生產力。你對他們留下深刻印象，但也對他們的高效率有點惱火。當你要專心工作時，腦子裡卻總是想到他們，結果做了一堆跟工作不相干的事情。你應該寫一本關於身分地位嫉妒的書，而不是關於時間焦慮的書。暫定標題：《向他人尋求認同的藝術以及失落離去》。

旁白一：要不要改成《失落的藝術》？

旁白二：不要，因為這種藝術從未遠離我們的視野。

也許你會認為：大多數你所認識的比你更有生產力的人，他們也是相當有壓力的人。當然，有些人比其他人更明顯，但一般來說，當你越深入了解一位有名又有生產力的人時，你就會發現一切並不是如表面所見的那樣。在他們的世界中，有些事正在順利進展，但其他的事卻可能正在崩潰。或許他們的高度緊張，使得身邊的人如坐針氈。

比較刻薄的說法是：你越認識他們，就越覺得他們沒那麼讓人佩服。但你知道問題不在他們身上！而是你將他們捧上了神壇。公平地說，他們自己也為了維持那個位置而絞盡腦汁，內心不免也會浮現類似的困惑：**我應該怎麼運用時間？有些事情我應該現在做，但不知道那是什麼。**

沒錯。他們也有這個問題。

多年來，你每年都會舉辦一場主題演講活動。每年你都面對同樣的問題。你已經提前安排了這些演講者，並掌握他們的行程。你相當確信他們會出現，但直到他們在後台休息室準備發表演講時，你才真正了解，有些人極其可靠，而另一些人嘛，嗯，比較像你。推他們一把，通常都能完成演講。但你還是擔心！因為你看到了觀眾未曾見到的一面：這些人有時跟你一樣緊張。

你讀了一篇關於一位美國政治家的文章，她以書寫關於「奇蹟」和正念的書而聞名。結果她的員工卻說她不是人，會辱罵員工且經常暴怒。文章指出她曾向員工扔電話、批評員工的體重和外貌，而且還曾用力拍打一輛車的車門，導致手部需要治療。回應這些指控時，這位政治家否認了一部分，卻也承認了其他的指控。她也說自己「並不是在競選聖人」。

卡爾．榮格說每個人都有一道陰影。你的陰影越不被自我整合，你越試圖隱藏陰影，陰影就會變得越黑暗。

這篇關於那位政治人物的文章，以一位理想破滅的員工的話作結，這名員工建議：「永遠不要和你的偶像見面。」你想起那些曾經讓你失望的人，想起遇到他們的時刻。接著，你又想到相反的情況，你成了別人心中的偶像，卻讓他們失望了。那些人帶著震驚離開，因為他們心目中的英雄，竟然只是一個擔心自己未完成的事情的普通人罷了。

你沒有撰寫一本叫《原子習慣》的書。你沒有X數量的Instagram追蹤者。你在Netflix的特別節目不會在下個月首次上線。（請務必告訴你的朋友們按下「喜歡」按鍵。）

你知道歐巴馬每天穿同樣款式和顏色的西裝，以簡化他的決策過程。然而，當你用了相同的方法，精簡你的服裝，並在睡前挑選好第二天的服裝時，卻沒有產生像總統那樣的效果。你不會在白宮的橢圓形辦公室醒來，準備處理國家事務。你懷疑這則歐巴馬穿西裝的老掉牙趣聞軼事是否站得住腳。即使總統事先知道他要穿什麼，他還不是得面對許多額外的、更加複雜的決策嗎？不，這個生活小竅門無法解決你的決策疲勞問題。

應用程式、付費訂閱服務和電子郵件簡報也不能。藥物、人工智慧，以及那些將個人化內容直接送到你手機上的、精準得令人不安的演算法，這些都不是解決方案，也不是問題所在。他們時而有益，時而有害，但始終是附帶的，是一種徵兆，是對核心問題無止境的旁註。

問題：**你要如何運用你的時間？**

意義：人生是一連串互相排斥的選擇，你無法樣樣兼得。

因為：時間正在流逝，這件事實讓人感到壓力重重。

有時候，你必須輸掉一場戰役才能贏得整場戰爭，或者至少現在輸了，未來才能再戰。在某些落敗的日子裡，你必須接受自己無法完成清單上十七項任務中的任何一件。你沒有完成最新的社群媒體健身挑戰。你分享了一篇關於脆弱性的貼文，但沒有人按讚。《紐約時報》沒有向你徵詢意見。

在匿名戒酒會和其他戒癮團體中流傳讓人平靜的祈禱文，是這樣祈求的：願我們有力量接受無法改變的事，有勇氣改變可以改變的事，並擁有辨別兩者差異的智慧。你的使命和此類似：在與時間的戰爭中學會臣服，沿途挑選幾場值得一戰的戰役，並獲得辨別其中差異的洞見。

第三部

擁有你的時間

你有能力將時間與你最深的價值觀和目標相契合。想像一下，在夢想與實踐之間取得平衡，以更長遠的視角思考，並校準每天生活的節奏。這一部會幫助你創造愉悅、悠閒、新奇和滿足的空間，讓你的生活更加有意義。

生命的意義在於
它會終止。

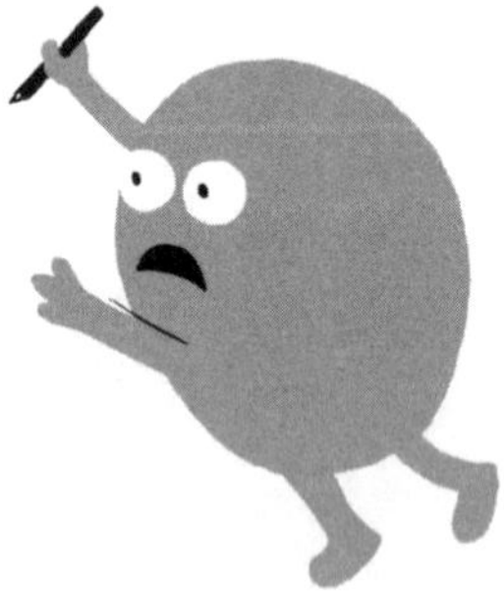

——法蘭茲·卡夫卡

18 你人生的電影

如果你的生活是一部電影，而你是導演，你會新增哪些場景？

想像一下，你正在觀看一部講述你人生故事的長篇電影。這不是一部刪節的紀錄片，而是全面展現你人生全貌的詳細紀錄，包含精采的巔峰、失望的低谷，和其間的一切。

現在想像一下，你是這部紀錄片延伸製作的導演。作為負責人，你對於內容的取捨擁有最終的決定權。

優秀的電影剪輯師知道每個場景的存在都有其原因，所以，如果你有機會觀看截至你目前為止的人生電影（由你導演的那部），你可能想知道自己為什麼會添加某些場景。

你的角色動機是什麼？螢幕上演出的事，背後是否有隱藏或沒被看見的事同時發生？你能從那些剪輯決定中學到什麼？

觀看你人生電影的粗剪版應該會讓你感到驕傲。當然，可能也有一些尷尬的時刻——我們都有這樣的時刻——但有時候你的表現真的很出色！這些特殊的回憶、成就、關係，以及你對自己或所愛之人深切關懷的時刻，都是你成功應對困難的時刻。

認知扭曲往往會讓我們遠離這些記憶。當我們回顧過去時，有時會經歷一種負面偏見，放大失敗並淡化成功。就像逆向遺願清單活動一樣，把你的生活視為一部電影，可以幫你強化「**你已經好好完成許多事情**」的事實。

當然，這部電影還沒結束。就像永無止境的《玩命關頭》系列電影或超級英雄電影，還有很多的觀賞時間等著你去消磨。所以除了回顧時的反思，你也可以展望未來，採取更積極主動的方式，面對未來的發展或劇情轉折。畢竟，這是你的電影。

在這個情境之下，你可以從此處開始導演這部電影的後

續。當然，規畫是有其限制的，就像真正的電影導演必須處理預算、電影公司主管、挑剔的演員等等。你在處理這些限制的同時，要盡你所能拍出最精采的電影，由你作主。

這個思考練習鼓勵你積極塑造自己的人生故事，做出有覺知的選擇，並擁抱自己「故事建築師」的角色。**你的電影接下來會發生什麼事情？**

精采片段的特別日子

在本書的第三部中，我們將在前兩部分的基礎上進行拓展。一旦你意識到認知扭曲如何製造虛假的緊迫感，而你也明白不是所有開始的事物都需要完成，或是所有事情都不必做到完美時，你就可以深呼吸，重新調整你的生活方式。這就是為什麼電影的類比如此有幫助。你正在即時剪輯你的人生電影，未來還有許多精采情節即將上演。

當我開始思考自己的人生電影時，有些模式浮現了出來。首先，我想要更多的巔峰，你可以把這些片刻放在加長版的預告片中。長期以來，我有一系列內建的

「巔峰生成器」。我常計畫去一個遙遠的地方旅行，我也開始了許多新專案，並和團隊合作籌辦充滿挑戰的大型年度活動。

但是疫情期間，我的生活發生了變化，就像許多人一樣，我開始大大減少旅行次數。而且，十年後我們也結束了這項年度大型活動，因為有些成員開始了其他事務。

我也變得更加恪守習慣和例行公事。我已經連續五年以上，每天發布一集Podcast，並且連續堅持運動超過一千五百天。為了實現這些目標，我要安排好自己的生活，大部分時間這些安排都運作得很好。我遵循了簡化生活的基本框架，以便專注在那些看似重要的事情上。

不過，我必須承認自己也變得過於死板和循規蹈矩。我人生的電影開始變得無聊。這部劇本需要潤色。

在電影中，編劇和導演團隊常會刻意創造一些場景來提升戲劇張力，讓高潮更高，低潮更低。這麼做是為了讓故事更好看，基本上還是要忠於角色的生活經歷，只是以某種方式編輯過，讓觀眾跟隨敘事，感受特定的情感順序。

對我而言，我曾想過：我該如何以類似的方式編輯我的人生呢？

有一天，我去散了一趟長長的步，很長很長，至少對我來說是這樣。在我家以北約三十多公里處有一間餐廳，供應美味的玉米麵包。那天早上，我預訂了晚上七點的晚餐，然後午餐後我就離開了公寓。我原本不確定自己能否撐完全程，但我做到了。我在晚上七點〇九分抵達，即離開家後六個小時。我獨自享用了一大盤玉米麵包（通常是多人共享的開胃菜）來慶祝。

我叫了一輛 Uber 回去，沿途欣賞了許多我之前走了好幾個小時的地方。晚餐時以及回家的路上，我心想：**今天絕對是特別的一天！**我印象中自己還不曾走過這麼遠的路程。

然而，其實沒有那麼困難，最困難的事只不過是下定決心去做。一開始整件事看起來有點愚蠢，背著一個小背包，沒有什麼特定的理由，就徒步走了六個小時。不過，走了一小時後，我漸漸適應了，感覺非常愉快。

我想要更多類似這樣的特別日子，作為我電影的場景。這些場景不一定要耗費半天時間，甚至不需要涉及劇烈活動，只要與眾不同，脫穎而出即可。

你的電影還有更多內容可以展現

記住，你的人生電影中某些場景已經拍攝完成。然而，還有許多尚待生產。想想我之前在書中提到的，希薇亞．普拉斯關於無花果樹的比喻：所有的無花果都掉到地上，沒人選擇而腐爛。如果你把人生視作一棵結滿美好回憶的樹，而非未來滿是遺憾的樹？當然，有些果實你摘下了，有些你錯過了。但是在當時，光是有機會接觸到那麼多顆無花果，本身就已是豐盛得令人難以招架的奢侈。

當你思考到人生電影至今的痛苦回憶時，你可能會想：

那段時間對我來說很艱難，但我因此變得更堅強。

我現在可能會做出不同的決定，但當時我已經盡力而為了。

我希望那段關係不是以那樣的方式結束，但我依然感激那段關係教會我的課題。

甚至，你最終可能會決定：**我的電影中能擁有這些場景真的很幸運。**

當你對未來失去掌控感，或在日常無數選擇中感到不知所措時，退一步重新審視你的人生電影。是的，某種程度上，解決時間焦慮的方法就是全然接受：承認你無法掌控一切。如果臣服是第一步，那麼下一步就是朝著做出更有意圖的選擇邁進。

至於我呢，我想**增加生命中有意義的部分**。我想要更多回憶。我希望我的人生電影菁華片段比所有《玩命關頭》加起來還要長。（這是一個令人生畏的野心）此外，平凡的時刻我也會抱著感激的心境。

這些都是可以實現的目標。我不願再去想「有太多事情我沒做，我犯過錯，錯失了機會。」我希望自己相信「發生的一切帶領我來到這裡，最好的還在前方。」

我鼓勵你親自試試這個觀點。你和我一樣，能做很多事情。生活在現今的世界，我們擁有的選擇比以往任何時代的人都多。正如我幾次提到的，這個事實可能讓人感到不知所措，但同時也是很棒、美麗，又充滿潛力的事實。

將你的人生想像成一部電影，自己就是導演，這麼想可以幫你做出關鍵決定。你可以追求更多特別的日子（或乾脆決定讓更多的日子變得特別）來增加菁華片段。你可以更密切地關注每天、每週、每月和每年中那些平凡的時刻。

你不再只是單純地任由人生自然展開，而是更加主動參與其中。接下來會發生什麼？還有哪些場景需要開展和上演？

練習　「這一天有什麼特別之處？」

問自己一個簡單的問題，建立一份特殊日子和時刻的檔案。

焦慮具有多種形式，而焦慮的對立面之一是正念：感受當下並專注我們眼前發生的事。當我們對時間感到焦慮時，就會失去那些特殊的事物。（有時候，我們甚至在事情發生時就意識到自己正在失去某些特殊的東西，而這種認知會讓我們的焦慮加劇。）

所以，當你質疑自己如何運用時間的同時，也要注意那些每天發生的平凡奇蹟。記住這一點：

每天「總會」有些特別之處。

當我在寫這本書並逐日走過這一年時，我會問自己**每一天有什麼特別之處**。我是在當晚回顧過去幾個小時時，同時這麼問自己的。

你自己試試看，不要想得太複雜。只要找出一天當中某件獨特或與眾不同、足以讓人印象深刻的事即可。如果你真的完全想不到任何事，或你對自己的答案感到不滿意，那你明天可以做些不同的事。

這一天有什麼特別之處？

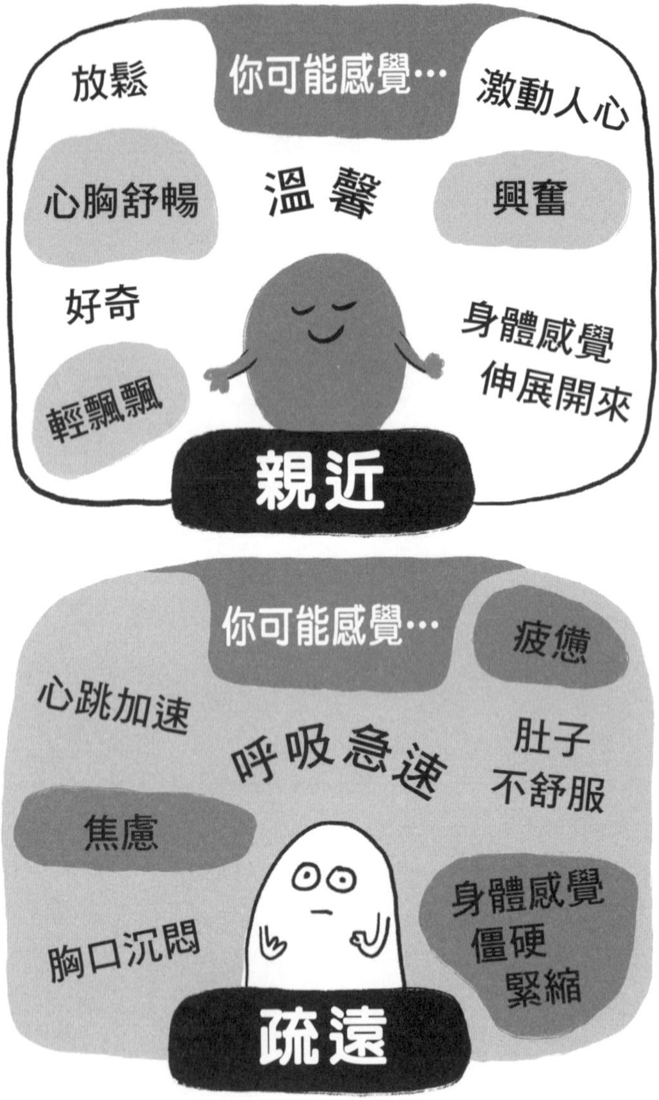
你可能感覺…
放鬆
激動人心
心胸舒暢
溫馨
興奮
好奇
身體感覺
伸展開來
輕飄飄
親近
你可能感覺…
疲憊
心跳加速
呼吸急速
肚子
不舒服
焦慮
身體感覺
僵硬
緊縮
胸口沉悶
疏遠

19 真正的問題是我們遲早都會死去

你會感覺時間短暫，是有個非常自然又合理的原因。

在前面的章節中，我們探討了隨著年齡增長，對時間的感知是如何改變的。簡單來說，當你是個孩子時，你對於時間的看法和現在是不同的。

隨著成長，還有另一件事情會發生，雖然不是每個人都會經歷，但很多人會。並不是每個人都會以相同的方式經歷這種變化，有些人從未注意到這件事。然而，對於注意到這件事的人來說，他們對時間流逝的感知將會有另一個重大的改變。當我們意識到自己並非永恆不朽時，這種情況就會發生。

換句話說，我們在某個時刻會發現自己終將一死。

我知道這聽起來可能是這樣的：**當然**，我們都知道自己不會永生。**顯然**，人生就是這樣運作的。然而，許多人仍然完全忽視這個事實而滿足地生活著。只有當他們被迫面對自己的死亡時，才會開始反思。

認知到自己「終將一死」有助於我們看清真正重要的事物，這是事實。思考死亡可以讓我們生活得更美好。

中國作家劉慈欣（Liu Cixin）的科幻三部曲之第一部《三體》，主角經歷了一系列奇異的狀況，將他帶入了一場調查。主角早上在城市裡拍攝照片後，發現一些跡象，暗示事情有些不對勁。主角汪淼是一位業餘攝影愛好者，他用底片拍攝，並在公寓暗房沖洗照片。沖洗照片那天，他注意到每張照片底部有一系列的數字。第一個看起來是這樣：

161：15：50

「**這很奇怪！**」他想。相似的數字出現在所有的照片上，但數字本身略有不同。當天稍晚，他裝上另一捲底片，拍了更多照片，沖洗出來的結果還是一樣。仍然出現數字，這次他注意到這些數字以一種一致的順序在遞減：

161：06：22

161：05：48

161：02：11

這時他才發現，這組數字並不是隨機的，而是一個倒數計時，代表著時、分和秒。

汪淼進行了另一系列更加瘋狂的實驗，不斷更換底片、嘗試不同的相機，甚至改用數位相機。每次他都得到相同的結果，數字在每張照片上都以遞減的順序出現。唯一的變化，是當他要求妻子和孩子用他的相機拍照，而不是他自己拍攝的時候，倒數計時就不會顯示在照片裡。

稍後，他開著車釐清思緒時，車子的儀表板上也看到了倒數計時。他去看電影時，倒數計時顯示在銀幕上。倒數計時正在跟蹤他！

正如你所猜測的，倒數計時對汪淼來說，是個令人不安的發現。在非常短的時間內（此處沒有雙關語），他變得很執著，一定要讓倒數計時停止。

有趣的是，作者從未明確說明倒數計時結束會發生什麼事（在此之前發生了其他的事，倒數結束就變得無關緊要了）。然而，汪淼隱約理解到，這倒數計時是他生命剩餘的時間。

他非常害怕，而且這麼害怕是有道理的。如果只剩下六天的生命，他必須善用這段時間的壓力，肯定是難以抵擋的。這種感覺是時間焦慮的極端版本。

我們對生命也有倒數計時的感覺。這不是電影上嚇唬我們的情節，而且也不知道還剩多少時間。然而，在某個時刻我們終會意識到，至少對我們來說，時間並不是無限的。宇宙可能會無限延續下去，但我們不會。

時間焦慮的根本原因，並不是因為我們沒有妥善規畫每一天，或沒有花時間去實現願景清單。而是無論我們做什麼，我們終究還是會沒有時間。對汪淼來說，經歷視覺上的倒數計時確實令人恐懼，但你也可以說，大多數人承受的壓力甚至更大，因為我們沒有具體、可見的倒數計時器，我們不知道自己還剩下多少時間。

在這樣一個充滿不確定性的時間軸上，要安排一輩子所涵蓋的目標、計畫與活動是不可能的。我們當然可以嘗試，但並不能保證計畫持續有效。正如約翰．藍儂在一首歌裡所說的：「生命就是當你正忙於制定其他計畫時，發生在你身上的事。」

人終有一死的問題

對時間不夠用的恐懼完全不是不理智的，反而是完全合理的。最終，**我們的時間的確會用完**。每個人都會死去。

這項事實無法避免。這是我們共同擁有的普遍經歷，一個等著我們所有人的共同終點。我們對未來感到焦慮，因為未來是有限的。未來不會永遠持續下去，至少對我們來說不會。

我曾經寫過一本書，講述那些展開耀眼的、改變人生旅程的人。我想了解的是，他們是否有共通之處。我發現的一些特徵，似乎在意料之中：例如，那些想要完成遺願清單的人，通常是目標導向型的。對於旅程和目的地，他們同樣享受（事實上，到達目的地的過程通常是苦中有樂）。

但有些引人注目的事情，出乎我意料之外：當中很多人都有我所描述的「對死亡的情感意識」。他們對死亡特別敏感，經常在沒被暗示的情況下主動談論死亡。有時這種意識來自悲傷的經驗，例如至親的早逝，或他們自身有過僥倖脫險的經驗。然而，有時候很難準確指出這種意識的特定來源。

自從他們有記性以來，都一直在思考死亡。這樣的思考不是抽象的，而是他們個人的。

為了分辨觀點的差異，請比較以下兩個敘述：

一、每個人有朝一日都會死去。

二、總有一天，我會離世。

在第二種敘述中，死亡的感覺更加個人化了。不僅僅是其他人總有一天會離去，這也是你我的命運。

我在那本書的發現很明確：那些將死亡視角個人化的人，更有可能在一生中追求一系列野心勃勃的目標。

然而，沉思自己的死亡並不是一件自然的事情。對於我所撰寫的那些追求偉大旅程的人來說，這樣的思考確實有所助益；但這種思考也讓人心生恐懼，就像《三體》中汪淼遇到的情況。

我認為這是一個重要的線索。想到死亡可能會讓我們心生焦慮，又或者賦予了我們人生目標。我們要如何減少前者而強化後者呢？

「不了，謝謝。我總有一天會死。」

意識到死亡的最先感受，是一種深刻的自由。無論你有什麼煩惱，無論你有什麼反覆困擾的事，這一切都會結束。無論某些事情看起來多麼困難，它們不會永遠持續。

第二點是，一旦你意識到自己將會死去，可以以此作為拒絕某件事的理由。你患有一種叫做人生的絕症。善加利用這一點吧！

當你感到壓力重重、努力掙脫他人的期待，或甚至只是明天不想上班時，對於任何向你提出要求的人，「我總有一天會死」的認知給了你天生的好理由。試試看吧！

「你會參加這場你不喜歡的活動嗎？」

「不用了，謝謝。我總有一天會離開這個世界。」

「你能暫時放下手邊的事，幫我解決這個問題嗎？」

「我很想，但我不能。我只剩下有限的日子可活了。」

「你的進度落後了（電子郵件、報稅，或其他事情），可以按順序處理一下嗎？」

「我盡力而為，但我不可能隨時都在，所以我在努力確定優先順序。」

如果你平常沒思考自己終將一死這件事，這樣的回答聽起來可能很無禮或唐突。但正是這個簡單的事實，讓你能重新聚焦並做出更大膽的決策。

世界末日，接下來該怎麼辦？

如果你認為世界即將毀滅，或自己的死亡迫在眉睫，你會怎麼做？想像一下，你突然看見類似汪淼的那種死亡倒數計時。

幾乎每個我問過這個問題的人，都能說出他們具體想做的某件事情。通常，答案都和他們生命中的某個人有關，他們和這個人之間還有未解開的問題。這個人不一定是親密關係裡的人，有時候這個未解開的問題，是應該早點對遠房親戚道出的歉意。有時候這個未解開的問題，是感謝對他們的生活產生重大影響的人。

有些人不想回答，這很合理，因為答案可能很私人。然而，不論他們有沒有回答，往往都有一個明確的答案。「某個答案」確實存在！

如果你沒有看見自己生命倒數計時的戲劇性體驗，有一種更簡單且比較不會讓人感到壓力的方法，可以讓自己感受到那些生命只剩最後幾分鐘的人所經歷的情境。你只要問問自己：「我一生中有哪些未完成的事？」

誠然，回答這個問題可能讓人感到害怕，但已經讀到這裡的你會知道，願意提出並回答艱難的問題，是讓自己感覺更好的關鍵。逃避有時候讓人當下感覺良好，但正面面對才能帶來長久的舒解。誰知道呢，你可能會因此展開一段全然不同的人生旅程，而這段旅程，若非經過一番內省，根本無從開始。

那就開始吧，為自己回答。是否有任何想法浮現在腦海中？如果有就記下來。

至於接下來，請放輕鬆呼吸。最好的下一步，不是馬上就依你的答案採取行動。畢竟，你的答案若是關於一個人或一個想法，也不會讓人太過驚訝。那種情況已經困擾你一段時間了，要處理這件事，至少有三個選擇：

一、**主動聯繫、後續跟進或採取其他行動**。如果你有動力想改變宇宙（或修復一些失聯的關係），你可能會將這些感受付諸行動。做出一些彌補，或說出一些不說就會遺憾的話，這些都是值得留意的。

二、**接受「現在不是處理這件事的時機」這個事實**。有另一種同樣合理的決定，就是：理解到有些事情之所以沒說出口或沒完成，是有原因的。你或許不想急著提起一些會導致尷尬或困難的事情。

生活是混亂的，我們遇到的困難可能永遠無法解決。當你面臨「要不要放手一搏」的選擇時，有時候選擇回家是最好的。

三、**繼續閱讀的同時思考你的回答**。就像書中談及的主動注意力，觀察這一類細節，你會以不同的方式開啟生活。也許某次觀察會在未來的關係中引發其他想法。你不能修復過去的一切，但思考未解開的問題，可以幫你在其他情況下更有把握、更加清晰，那也是一種勝利。

無論你怎麼選擇，如果你能辨識出生活中未能解開的問題，那你就得到了有用的訊息。

使用這種思維方式做決策

但先別急，還有更多方法！現在，如果你沒有思考死亡情境，即使是假設性的情境也沒有。（不管哪種方式，都讓人有點壓力。）那麼，以思考「未解決的情況」來發展你的直覺，也可以幫你做出更好的決策。

如同我所解釋的，時間焦慮發生在時間的所有向度中（過去、現在、未來）。然而，在任何時刻我們唯一能親自體驗的就是當下。因此，當你感到焦慮時，任何可以立即使用的工具，都是特別有用的。

當我開始接受治療時，我所遇到的許多概念都是新的。最初那段經歷，我苦苦掙扎的一件事就是**學會去感受**，而不只是思考。我見到的第一位治療師，不斷要求我描述在不同時候的感受。我回答後，她說：「好的，但那不是一種感受。」我總是用頭腦思考，而不是用身體去感受。

接著，即使我終於明白了其中的差異，我的詞彙量仍然有限。我會說一些像「哦，這感覺真好！」或「這很糟糕！」之類的話。很基本，對吧？有一次，我的治療師有些沮喪，至少在治療師能展露情緒的範圍內，她變得有些沮喪。「你不是作家嗎？」她問：「你一定可以想出更具描述性的詞語。」

我知道她說得對，但很困難。我不曾學會去注意內心的感受。

更接近或更遠離？（靠近或遠離？）

在前面的內容，我鼓勵你留意一天中發生的每一件事，並回顧自己的感受。當你將這種技術和發展你的直覺相結合時，隨著時間推移，在做決策時會更得心應手。

在人生旅途中，我們不斷地朝著某些情境前進，同時也遠離其他情境。我們會花些時間和朋友或伴侶待在一起。我們的一些愛好會來來去去，有時淡出視野，過一陣子又重新燃起興趣。當然，還有一些我們應該要回覆的事情，那些事就像是一份工作，可能還會排擠掉我們原本想做的其他事情。

時間焦慮的原因之一，是試圖管理那些在我們意識和潛意識中揮之不去的事情。我提供的建議和許多提高生產力的建議相反，解決方案不只是將「我們要回應的事項」寫下來，並加入任務清單中。（如果你生命中曾經歷過重大創傷，想像一下如果你把「解決創傷」列入待辦事項，是多麼荒謬啊。這種事有那麼簡單解決就好了！）

有另一種**「更接近」或「更遠離」**的視角，可以幫你決定要花多少時間在某人或某種情境上。這有點像問「我想要更多什麼？想要減少什麼？」這類的問題。你每次的回答都不會重複。

請考慮以下情境：

一位熟人打電話邀你共進午餐。在答應之前，先暫停一下。直覺上，和這個人共度時光的感覺如何？你想更靠近他們，或是離他們更遠？一旦擁有這些資訊，就更容易做出正確的決定了。

是＝更接近

否＝更遠離

同事邀你參加公司靜修會，不是強制性的。就像生活中的其他情況一樣，參加靜修會各有優缺點。與其列出優缺點（這會使你偏離直覺），不如暫停一下，考慮你對這件事的整體感受。總的來說，你是希望參加這次靜修會並積極投入，或是遠離不參加？

是＝更接近

否＝更遠離

如果有兩場同時間進行的活動，而且都是你喜歡的活動，必須擇一，這是比較難一點的抉擇。但你仍然可以按這方法看看哪個選擇更好。在你做出選擇時，問問自己哪一場活動你更想參與。那就是你的答案。**你想多從事哪項活動？＊**

你可以隨時依照這種方法，協助自己處理大大小小的決策。有些情況需要更複

＊或是你比較想接近哪群人？

雜的分析，但不要低估這個問題的強大影響力：**「我想要更接近這件事情，還是離得更遠？」**

時間感覺很少，這是非常自然且合乎邏輯的。每個人終將會死的事實，可能讓人感到恐懼和不安，又或者，這個事實可以激勵我們更有目標地活著。

練習　每天思考死亡

要活得更好，就要想想：你並不會永遠都有能力這麼做。

這裡有一個比「早上絕不看電子郵件」更強大的生活祕訣：**每天花點時間提醒自己，總有一天你會死去**。希望不是明天之前，但也有可能。即使這件事會在幾十年後發生，事實依然是：每過去一天，你就離這個結果更近一天。無法回頭。巴布・迪倫說得好：「不是忙著活著的人，就是忙著死去。」

你會如何運用這些知識？也許你什麼都不做，那也沒關係。你不必每天匆匆忙忙重寫遺囑。你不必因為自己沒完成遺願清單上的那件事，就急忙前往最近的高空彈跳地點。

然而，當你意識到有一天你將不再活著，你或許會開始以不同的視角看待這個世界。許多曾經看似緊急或重要的事，現在卻顯得可笑或微不足道。如果你開始減少關注那些事，那你會怎麼利用這段時間呢？

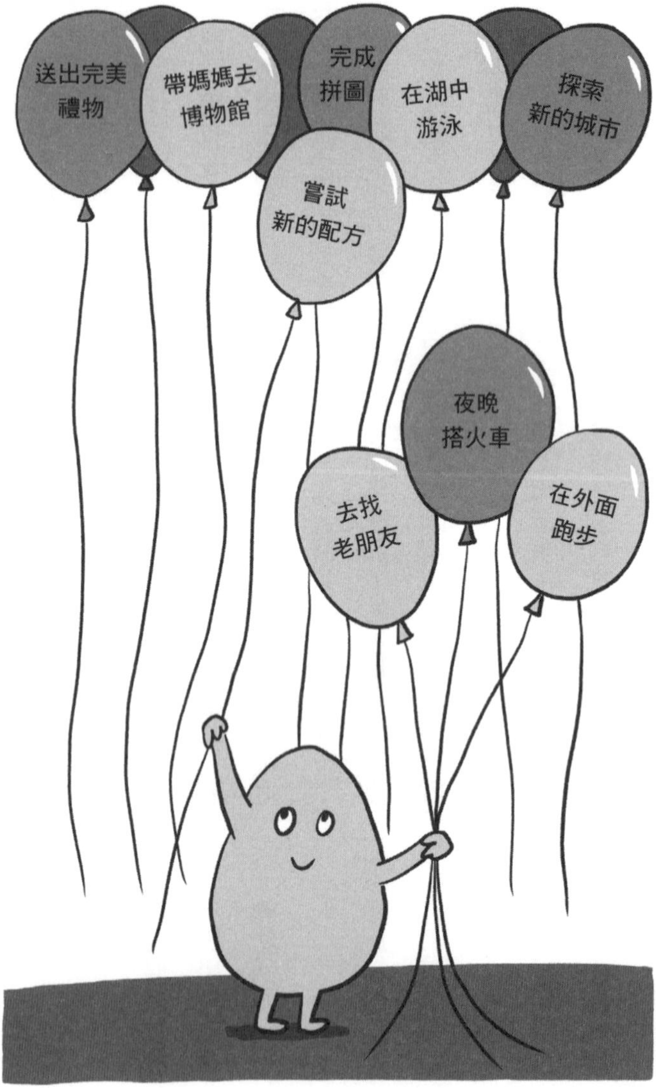
送出完美
禮物
帶媽媽去
博物館
完成
拼圖
在湖中
游泳
探索
新的城市
嘗試
新的配方
夜晚
搭火車
去找
老朋友
在外面
跑步

20 緊握那種感覺

找到一些你真正喜歡做的事情，即使是看起來很奇怪或不尋常的事。

二十年來，每個星期二，荷蘭的楊．穆爾都會搭火車前往阿姆斯特丹的史基浦機場。他會從那裡飛往另一個歐洲城市，大多數是斯德哥爾摩，有時是巴塞隆納、赫爾辛基，或是漢堡。一抵達當地機場，他會花一兩個小時在航廈內閒晃，然後再搭乘另一班航班返回阿姆斯特丹。這趟旅行就到此為止：沒有出境觀光或購買紀念品。

楊．穆爾幾乎每週都會這樣做，整整二十年。他搭過總計超過一千次的航班，所有航班都遵循相同的儀式：選擇靠窗的座位，從三萬英尺高空眺望天空，以及在機場航廈漫步。

我知道有些人讀到這裡會想：**真是浪費**。他做了旅行該做的所有事，卻沒有真正去旅行。當然，會這麼想的人顯然不是楊．穆爾。對他來說，這項每週儀式讓他感到快樂。他喜歡在空中翱翔、享受飛行，卻哪裡也不去的輕鬆冒險感。

而且，這項儀式也真正融入他的生活中。因為他對目的地並不在意，所以選擇了最便宜的航班，而且由於當天來回，每週的旅行也不會讓他長時間離開家。

每當我思考下一步該怎麼做時，總是會想起這則故事。這故事讓我微笑，部分原因是我也喜歡旅行，且不會在目的地強迫自己做些什麼，但同時這故事也以另一種方式啟發人心。楊．穆爾和許多人不同，他知道什麼能讓他快樂，而且勇於追求。此外，他為了純粹的享受而旅行，而不是把旅行當作達成其他目的的手段。

如何找到讓你快樂的事物

如果你想成為像楊．穆爾那樣的人——也許不必每週隨意飛往一個城市，且不離開機場——首先要了解什麼會讓你快樂。

這看起來像是一個非常簡單的練習，但如果你知道怎樣讓自己快樂，那為什麼還會感到焦慮呢？為什麼時間流逝的感覺讓人無法招架？對某些人來說，他們認為自己所做的一切，都必須得到某種效用。如果做了一些不符合明確目標或關係的事，**就會感到奇怪和不自在。**

在直覺上，你或許知道某些事會讓你快樂，但你還是苦苦掙扎，難以克服「效用」的信念。你可能需要一點引導走向正確的方向，或一些幫助，讓自己不再成為前進的障礙。給你一個建議：想要更快樂（而且焦慮更少），**就要從更多地感受到「活著」開始。**

用「活著」這個詞來形容一種感覺很有趣，因為你總是活著啊，至少在死之前是如此。但是，你並不是常常這麼想的，對吧？在大部分時間裡，你就是這麼繼續過下去，對什麼事物都沒有特別的感覺。你採用英國經典的戰時口號：「保持冷靜，繼續前進。」在戰爭時這或許是生存的好方法，但當你感到壓力重重，且不確定自己是否妥善利用時間時，這方法並沒有用。如果不改變做法，你的感受也不會改變。

所以，就像你試圖在日常生活中更加細心一樣，多去留意那些讓世界變得更加清晰、更脫穎而出的時刻吧。當你遇到那些讓自己覺得比平常更「活著」的時刻時，可能會讓你感到驚訝。「哦！我感覺『活著』了。哇。」

有時候，這些時刻會讓你感到意外。你突然意識到一顆新鮮草莓的味道是如此美味。你出去散步時，發現陽光普照。你和伴侶或朋友一起吃晚餐，時光飛逝。

那些時刻可大可小。隔了一段時間，你第一次去看了一場演唱會。當樂團開始演奏時，你又意識到自己有多愛現場音樂。你很懷念這種感覺！你感到「活著」。（你應該更常這樣做。）

或許這些時刻令人振奮。很有可能，有些日子你會整天感到「活著」。有些事情能讓你產生更強烈的覺察感，這些正是你要留意的。

當你有這種感覺時，其他一切都變得不再重要。無論你有任何問題，這些問題的重要性都會降低。雖然這些問題沒有消失，但已不再占據那麼多空間了。

如果你長時間處在悲傷或憂鬱的狀態，這種充滿活力的感受會更加顯著。對我而言，這樣的時刻就像是天空打開了一般。我感到心煩意亂，突然間，就像有人拍了拍我的肩膀，對我說：「嘿，別擔心，一切都會好起來的。還有，看看天空！」

澄清一下，如果你曾感到悲傷或憂鬱，即使經歷了這種活著的精采時刻，並不代表這些情緒結束了。奇蹟般的療法並不存在，這些情緒可能會在很長一段時間內來來去去。儘管如此，除了感受悲傷外，體驗那些精采時刻也是必要的。精采時刻提供了休息的機會，是一種緩解，甚至指引你要更加專注的方向。精采時刻可以提供更多可能性。

由於時間有限，你要捕捉更多精采的經驗，而不只是偶爾體驗而已。理想情況下，你每天都可以感受到「活著」。這是一種強效的解毒劑，可以緩解不堪重負的感覺。

信念與行為

當你因為時間焦慮而苦苦掙扎時，你可能正經歷某種類型的認知失調：也就是信念和行為之間的差距。你知道自己無法做到一切，但仍然不斷嘗試，然後不可避免地一次次失敗。

不只是讓別人失望，你也在辜負自己。你值得擁有更好的！

通常要做讓自己快樂的事很難，因為（一）你還不習慣，而且（二）其他人也不會理解。

但是，如果你留意到一種模式，那就是我們對於該做什麼感到有壓力，以及不知道該如何管理一切，一個合乎邏輯的反應便會浮現：時間如此有限，應該盡可能重新掌握和收回時間。

任何努力著「優先考慮自己的幸福」的人，請明白：你最忽視的人就是你自己。對於任何喜歡服務別人、特別喜歡幫助他人的人來說，尤其如此。恕我直說，這種情況女性比男性更普遍嗎？

雖然不是放諸四海皆準，但性別規範往往給了男性和女性不同的期望和限制，影響他們追求幸福的能力。在許多社會中，女性應該優先考慮家庭的需求，而非自身的願望和抱負。

要打破或稍微改變這種期望，是很困難的。這也是獲得更多目標感的重要關鍵。

創建一個「活著」的記憶庫

即使直覺上知道哪些事會帶給你快樂，回顧過往的經歷也有所幫助。首先，列出那些讓你覺得「活著」的時刻，可能是較新的記憶，或是很久以前的時光。

以下是我記憶中的小清單，我是快速記下來的，不多加思考：

- 舉辦一項世界紀錄挑戰，目標是最多人穿上恐龍服裝
- 在東歐搭乘夜間火車旅行
- 和一位許久沒見或沒交談的朋友聯繫
- 為我關心的事業或活動參加志工服務
- 解決書稿中的問題並取得進展
- 帶我的團隊去參加障礙賽活動
- 站在台上面對許多人演說

有時候，魔法來自獨特的、一次性的體驗（例如主持世界紀錄），有些則來自你常做的事。對於反覆出現的回憶，我的思緒常會出現戶外跑步的時刻。並不是每一次跑步都有魔法（大多數沒有），但有時一些特別的事常會發生，因此值得期待魔法的出現。

請注意：例清單時不要將「看電視」這類活動加入。不是我要批評電視節目，我跟大家一樣，偶爾也會享受好節目或影集。但被動地看著螢幕，不是減輕時間焦慮的最佳療法。說到底，狂看電視只會讓時間悄悄流逝，卻什麼成果也沒留下。

一旦列出自己的清單後，請留意其中一些活動的共同元素。這些活動有哪些共同點？對我來說，共同點包括：

- 喜悅
- 挑戰
- 讓人們開心
- 創造某些事物
- 大膽

透過這份清單，我可以看到讓自己「活著」的幾項活動和上述共同點相連。例如，舉辦活動需要大量的努力（而且很有挑戰性！），但如果做得好，我可以讓大家感到快樂。

有些共同點並不是關於服務他人。當我旅行時，這和其他人無關，只跟我自己有關。這完全是一種獨自的追求，是我一直想著這件事而決定去做的。因此，不是所有讓我感到「活著」的事都與服務、社群、與他人連結有關。恰恰相反！更強的「活著」感，通常是跟向內審視自己有關，而不是向外尋找。

楊．穆爾的每週短途旅行並不是為了服務任何人，這些短途旅行能讓他在充電之後，在其他地方更有能力幫助他人。當你感到疑惑時，記住：去尋找那些最能讓你感到「活著」的事物。跟隨那種感覺，就像追逐太陽。

讓人覺得活著的突發時刻

對許多人來說，搭飛機卻不飛往任何地方的這個想法（而且每週重複相同的旅行二十年！）是很荒謬的。如果喜歡旅行，就會喜歡目的地、當地人、美食或任何與旅行相關的事物。

但楊．穆爾的故事指出了一個重要的原則：隨機做一些事情，可能會讓你快樂。如果你喜歡做一些在其他人看來是奇怪或異常的事，代表你找到了重要的線索，可以充分利用你的時間。

我請讀者列舉一些能讓他們感到快樂的、不尋常的事。以下是一些例子：

「我喜歡獨自去高級餐廳。有些人從不單獨外出用餐，但我非常享受。我會帶一本書和日記，而且都會點甜點。」

「每年我都會探索一項新的興趣，或至少嘗試一段時間。今年我迷上了金屬探測，對大多數人來說，這肯定是一種奇怪的興趣。我很享受這個興趣，而且我也喜歡『儘管這看起來有些奇怪，我還是去嘗試』這種感覺。」

「我想要挑戰北美每個大型雲霄飛車，數量超過一千台，所以這需要一段時間，但樂趣就在這段旅程中。我喜歡一邊觀看線上影片，了解即將體驗到的雲霄飛車，一邊計畫我的下一趟公路旅行。」

像這些答案，就符合楊・穆爾每週飛行卻什麼地方也不去的習慣。如果你覺得有趣，那就去做吧！即使別人不理解，也要做讓你快樂的事。

二〇一四年十一月八日，楊・穆爾如往常一般從阿姆斯特丹機場出發。這次，有他夢想成為飛行員的孫子湯姆陪伴。這趟旅程一如往常平淡無奇，然而，因為這趟旅程成為楊・穆爾人生中最後一次飛行，卻有了不同尋常的意義。兩天後，他在雜貨店因心臟病發去世。他穿梭於歐洲機場的白日夢人生已經結束，但他過得相當不錯。

無論你是在日常生活中奮鬥掙扎，或是尋求更大的目標（或兩者兼具），讓自己更強地感到「活著」是一個很好的開始。

當我們最能感受到「活著」的時候，會體驗到一種感覺：生命稍縱即逝，我們

無法完成所有的事。所以，去尋找那些你真心享受的事物吧，然後多花些時間在這上面。

練習　幸福主觀單位

回顧一天，回報你的快樂程度。

幸福主觀單位（SUH）是一個心理學術語，指自我評價的幸福或愉悅程度。使用「主觀」一詞，因為這種衡量主要基於個人的經驗，而不是其他因素。由你來判定！

嘗試一下，很簡單：

無論接下來這段時間你要做什麼，請在0到10的範圍內，評估這件事帶給你的幸福程度，其中0表示完全不幸福，10表示達到空前的幸福。

跟其他練習一樣，不必做其他任何事，只要觀察你的感受，不要過度思考。若你正忙著其他事，晚點再試。

給某件事情分派一個數字，讓這件事更加精確。你可以因為坐在公園的長椅上而感到快樂，也可以在高空跳傘時感到快樂，但這兩者哪一個會讓你**更幸福呢**？（答案可能不同！）

SUHs有助你理解自己的情緒，並追蹤你的幸福感是如何隨著時間變化的。隨著時間過去，有些明顯的變化會顯現出來。例如，你可能會注意到：

- 規畫旅行或活動，幾乎和實際旅行或活動一樣讓人興奮。（期待效應）
- 看似例行公事或「基本」的事，實際上卻是一種喜悅的來源。
- 花時間和某些人相處，並**不會**讓你感到非常快樂。

每一次觀察都能帶來相對應的建議。如果你發現規畫活動感覺良好，那就多做規畫吧！如果某件日常小事是真正的快樂泉源，那就多做那件事（不用擔心這件事是否「太基本」）。如果和某些人相處會讓你感到壓力，那就盡量減少和他們相處。

你也可以把這項練習和「多一點這件事，少一點那件事」的概念結合起來，只要留心觀察，並在心中記下你希望多一些或少一些什麼。再次強調，去做那些讓你感到快樂的事；而要判斷什麼能讓你快樂，可以思考：什麼能讓你感受到生命的活力。

21 後悔的反應比避免後悔更重要

生活中有些後悔是你我共有、又無法避免的，但我們可以採取一些步驟來減少這種痛苦。

劇情電影往往特別關注主角所做的一些關鍵選擇。通常，故事情節中最有趣的部分之一，是角色如何應對悲劇和失落。這些應對帶動了劇情發展：一旦做出關鍵抉擇，就無法回頭。有時候，角色會因為某個選擇而感到悲傷或後悔，並在電影剩餘的時間裡努力挽回。

或許，這就是為什麼這麼多關於時間旅行的電影（以及故事）如此受歡迎的原故。誰不曾幻想過回到過去，改變某些事情？我們不都希望自己年輕時能說些或做些不同的事嗎？

或許，我們渴望修復一段破裂的關係，修復和某個我們曾愛過的人之間發生的事。或是在大學時修習不同的科系，或根本不上大學，或去我們一直推遲的重要旅行。

無論如何，關注我們過去遺憾的事，或是將來可能會遺憾的事，都是有幫助的。

後悔的正面和負面影響

避免未來的遺憾一直是我強大的動力來源。問自己：「如果我不嘗試會後悔嗎？」所產生的正面效果，促使我展開了像是「造訪全世界每個國家」這樣的計畫。當我第一次有這個想法時，我就無法將它從腦海中驅逐出去，我知道如果不去嘗試，將會永遠後悔。

這種思考方式多年後依然影響著我的生活。我為了尋找玉米麵包走了很長的路，這只是個較小的例子，但這個例子反映了類似的思考過程：**既然我有了這個想法，去實踐這個想法，會比不去實踐來得更快樂**。

這種**預期性後悔**在做決策時很有用。但是，隨著我對時間焦慮的了解加深，我意識到自己因為過度專注在後悔上，反而遭受一些負面影響。透過情緒思考未來，並做出積極的選擇，是有幫助的。然而，**過度沉浸**在過去事件的情緒中，則令人不安。這種執著影響了我的人際關係、我的工作，甚至我的健康。

我曾經擅長將小型企業帶領到初步的規模，但我總是半途放棄了這些小型企業，轉向新的計畫，使得它們無法持續發展。我後來出版的新書銷量不如前幾本，而我一直被一種跟不上進度的焦慮感所困擾。我那段動盪的感情其實早該結束，但我始終無法抽身，彷彿離開是件不可能的事。我對這些情況（以及其他情況）感到遺憾，且我又有一種習慣，會執著於自己的錯誤。

我必須緩慢而痛苦地接受，生活必定有遺憾，且無法避免。遺憾是另一種形式的失去，就如同所有生命最終都會走向終結一樣。這個簡單的事實——每個活著的成年人都在某種形式上經歷過——令人不安。我們希望自己能夠無悔地活著，就像成千上萬的保險桿貼紙和社群媒體勵志貼文所傳遞的訊息一樣，但我們注定會失敗的。

我們一定會留下些許遺憾。學會與遺憾共存會讓我們變得更強大，而不是更脆弱。

你正面對重大抉擇嗎？丟擲硬幣吧！越快越好

經濟學家史蒂芬．列維特利用虛擬丟擲硬幣的方法，進行一項關於重大人生決策的研究，以探討做出重大改變的衝擊。參與者如果不確定自己是否要辭職或結束一段關係，那就用擲硬幣的方式來決定。列維特發現，**無論擲硬幣是否影響他們的選擇**，那些做出改變的人，在兩個月和六個月後回報的幸福感程度，都比較高。

研究表明，我們都太過於謹慎，大膽改變可能會帶來更大的幸福感。

什麼樣的改變呢？至少在一開始的時候，任何改變都好，真的。這個觀念是要讓自己適應改變，使改變成為常態，而不是陌生或可怕的事物。

但這不是說所有的改變都是一樣的，或是要你去改變一切運作得非常好的事物。如果仔細思索，可能至少有一件生活中的大事，是你希望改變的。

我鼓勵你專注在那件事上，或是你有好幾件事想改變的話，就專注於那些事。接下來，想看看改變的最佳時機。什麼時機更適合改變呢？我多年來寫作關於改變的文章，以及聆聽無數讀者分享自身改變的故事後，學到一個教訓：改變有時來得太遲了，但很少有太早的。幾乎沒有人說過：「我真希望晚點才做出這個改變。」

要麼是時候到了，要麼就是已經太晚了！當然，這條規則可能有一些例外，但在大多數情況下，甚至是所有情況下，改變那些你長久以來一直想改變的，會感覺更好。

我詢問過讀者在做出重大改變時的經歷，以及他們是否認為那是適合的時機。以下是一些例子：

> 多年來我一直考慮回研究所進修，好支持我在職業上的轉變。這筆龐大的投資讓我猶豫不決，而且好幾個親密的朋友建議我不要進行這項投資。「你不需要研究所學歷來轉換職業，只要找到你想做的工作就好。」的確如此，只是我還是有點想去讀研究所。經過將近十年的猶豫不決（甚至有段時間完全忘了這回事），我終於決定去做了，這是我做過最好的決定。這是我希望能夠早點就做出的改變。
>
> 我希望早點遇見我爸爸。我和他的關係（現在已有兩年）對我和他的人生有著巨大的影響。我為自己終於有勇氣聯繫他而感到自豪。
>
> 我決定開始接受性別認同治療師的治療，不久之後我就出櫃了，並開始了性別轉換。就這樣……產生了很多變化。我真希望自己早點去做！
>
> 我最後一次做出的重大改變就是戒酒，這無疑是個我事先非常害怕，但事後卻

帶來巨大解脫的決定！

在撰寫這本書時，我想到了這些故事。我和我的讀者一樣，我在生活中也做了很多改變，有時候在改變之前，我會感到害怕，但事後，我幾乎總是想：「哇，我感到好輕鬆。」

這種輕鬆，來自於接受我們無法控制一切的事實，但同時你又能在那些有限的、可以做出改變的領域中找到喜悅和意義，不僅為自己的生活做出改變，還為他人帶來改變。

記住，幾乎沒有人會說：「我希望晚點再改變那件事。」如果你心裡有事，就專注在那件事上。

練習　十年後悔測試

「十年後你對這個決定會有什麼感受？」

你是如何做出重大決定的？大多數人是結合理性與感性（也可以說結合了「數學」和「魔法」）。我們可以例出一份優缺點清單，比較特定做法的成本與利益。或者，我們也可以完全依靠直覺做出決定。

這裡給你做決定的第三種方法。面對選擇時，問問自己：

十年後，我對這個決定會有什麼感受？

這個問題可以過濾當下的噪音，並減輕你延後做決定的壓力。（記住，不做決定也是一種選擇。）

你可以將這個問題應用到各種選擇上：

- 我應該換工作或找尋新的生涯路徑嗎？
- 我應該搬到新的城市或國家嗎？
- 我應該回學校念書嗎？

- 是時候去承諾一段關係，還是結束一段關係了嗎？
- 我應該花更多時間在不能帶來收入、卻能讓我快樂的興趣上嗎？

在許多情況下，「十年後悔測試」會立即給出答案。但如果你的回答是「我不知道」呢？

啊，這就是事情變得有趣的地方。有一個方法可以幫你：專注於選擇的下一步。

例如，如果你不確定是否要攻讀大學或研究所課程，想想看你去申請入學的感受。根據接下來的情況，當你有更多資訊時，永遠可以再問自己一次「十年後是否會後悔」。

本章的一些想法，包括十年後悔測試，是基於《後悔的力量》作者丹尼爾．品克的概念。丹尼爾還寫了《什麼時候是好時候》一書，我在寫第十六章時，這本書提供了很有價值的參考。

1
星期一
2
星期二
3
星期三
4
星期四
5
星期五
6
星期六
7
星期日
8
你的星期八！

22 星期八

如果每週多出一天的空閒時間，你會怎麼利用？

很多年前，我在《不服從的創新》中寫到關於理想的一天的思考模式。我的想法是，如果你不確定自己的人生想做些什麼事，可以想像怎樣才算是徹底理想的、完美的一天。包括早上起床、早餐吃什麼，再到如何度過一天中的每個時段，各種大大小小的細節。

但這裡要跟你分享的有些不同，因為理想的一天模式有兩大限制：首先，在創造理想的一天時，我們會有很大的壓力。**哇，我必須決定自己理想的一天是什麼樣子嗎？那讓我感到焦慮！**我是來幫你減少壓力的，而不是增加壓力。

其次，你在單一的理想的一天所做的事，可能和「如果你可以重複這一天」時會做的事大不相同。

解決這兩個限制的方法是：與其思考單一的理想的一天，不如**想像一個虛構的**

星期八。這一天就像字面上看起來的那樣，每週多出來一天，也許是在週末和下一週之間，也許是在一週的中間。

這一天，你要假想時間都停止了。不僅如此，所有占據你時間的外部壓力也暫停了。沒有人期待你做什麼。此外，這天雖然不一定恬靜或完美，但它只屬於你，而且會重複。

如果要度過這一天，不僅一次，而是一年五十二次，你會怎麼做？例如：

- 一年內你能學到什麼？
- 在一年內，你可以在創作上達成什麼目標？
- 你一直拖延的那些遠大夢想是什麼？

這些只是幾個可以激發你思考的提示。談到思考，試著不要**過度思考**，只要順其自然即可。

如果你好奇我們接下來要談的是什麼，其實很簡單：首先，你可以重新取回一些屬於你的時間，用來完成那些你一直希望實現的事情。這不僅僅是假設性的練習，我們在整本書所做的一切，都是設計來幫助你更專注和生活得更好的。

此外，這樣思考可以幫助你排出優先事項，而不會回到熟悉的思維模式或神經路徑。由於你目前並沒有第八天（或者我這樣假設……），所以你根本不會為這天安排任何事情。

當我詢問讀者會如何度過假設中的第八天時，他們的回答各有不同（這也在我的預料之中）。許多人提到了內向的嗜好，例如彈奏音樂和閱讀。

很多人提到散步。另一個共同的回答，是在這一天過得無拘無束，沒有任何事先安排。珍．澤曼在我部落格評論並解釋了這個想法：

> 第八天，理想的一天，對我來說就是沒有任何行程安排的自由日。不必配合其他人的計畫，也沒有我為自己設定的死板待辦清單。我只是隨心所欲過日子，不看時間：早上悠閒地喝茶，運動到我滿意為止，閱讀、做白日夢、畫畫，和狗狗一起玩，整天隨心所欲地做任何我心中所想的事情。然後在床上看書結束這一天（這是我現在每天做的），或是看場好電影。

如果你知道自己想怎樣度過這第八天，恭喜你，你已經找到生活中缺失或尚未充分發展的重要事物。如果你先想到的是「在這獎勵的一天去散步」，可能意味著

現在去散步對你有益。如果你先想到的是沒有行程安排地放鬆，或許這表明你現在的生活安排過於緊湊了。

我們可以拿這一天做什麼呢？

你真正想要的是什麼？

本書的大部分內容，傳達的訊息是「你不可能做到所有的事情。」不這麼想的話，你只會感到沮喪。同樣地，當你更加專注和有意識地生活時，你能做到的事也會增加許多，這是真的。這些才是你要投入最大精力的地方。

在進行這種轉變時，我有個建議是：你**真正**想要的，有時和你最初想像的不一樣。要切入問題的核心，這項建議可以幫你撥開目標的外在面紗。

我分享一個個人例子。我曾考慮過報名飛行課程。我喜歡飛行，至少我喜歡置身在空中，在城市間穿梭，看著世界從眼前掠過。當學習開飛機的想法冒出來時，我覺得它合乎邏輯。然而，我越深入研究，就越意識到成為飛行員對我來說，並不是個理想的目標。要成為合格的飛行員需要很長的時間，而我最多只能駕駛小飛機進行短途飛行。如果我想飛得更遠，那要花更多時間，而且成本更高。

我最喜歡在飛機上往外看，欣賞雲朵，做白日夢，而且空服員還會遞給我咖啡和氣泡水，但當你自己駕駛小飛機時，情況並不完全如此。你必須高度專注，並盡量少做白日夢。最糟糕的是，竟然沒有空服員提供飲料和小包零食。

當然，很多人報名飛行課程，並獲得飛行執照。**那很好，祝福他們。**對我來說，反思學習飛行這件事，教會我更了解自己真正想要的是什麼。我想要的是繼續以乘客的身分飛行。當其他人在駕駛飛機時，我很高興自己可以放鬆！

相比之下，環遊世界——這是我個人目標之一——則要承受一些大部分人不想承受的艱辛。我完全明白，幾乎百分之一百的人對於前往偏遠地區旅遊、為了簽證忙得焦頭爛額，以及在機場地板上過夜（還有其他事）都沒興趣，以上這些只是為了追求一個看似可有可無的目標。但對我來說，面對那些挑戰絕對是值得的。追求這個目標讓我更有「活著」的感覺，這是前面章節提到的一個概念。

就像生活中的一切，你必須自己做決定。你越是採納他人的目標，而非自己選擇目標，就越有可能持續感到不滿和沮喪。努力找到自己的路是值得的。

和一般事物相比，為了實現你更重視的夢想和目標，該怎麼做呢？再三思考你真正想要的是什麼吧。

想像一週裡的第八天，在你不受每日壓力的影響下，可以幫你分辨出對你真正重要的事物。藉此優先分配你的精力，並做出日常決策。

練習　多一點這些事，少一點那些事

留意一天中哪些事讓你感覺有意義，哪些事讓你心力交瘁。

在前面的部分，我鼓勵你積極地質疑每一次你所花掉的時間。讓我們以此為基礎吧：在生活中做各種事情時，請留意這些過程的感受。然後，問問自己：「我想要更多的是什麼？想要減少的是什麼？」

要盡量具體化。每個人都希望擁有更多的快樂和更少的壓力，但對你來說，什麼是壓力源呢？又是什麼帶給你快樂呢？

就像之前的練習一樣，這次的練習，不必立即對你注意到的事情採取有意識的行動。僅僅透過注意事物帶給你的感覺，就能幫你下意識地改進了。

整天自始至終留意自己想要更多些什麼，以及想要減少些什麼。

23 規畫一年比規畫一天更容易

較長的計畫週期比較短的更健康、更有效

你可能聽過這句話：「長日漫漫，歲月如梭。（The days are long, but the years are short.）」葛瑞琴．魯賓在觀察她兩個女兒成長的過程中，說了這句育兒的話。每天都充滿枝微末節的小事，要做的事情很多，但不知不覺中，地球又繞著太陽轉了一圈。

當你談到撫養孩子時，這句話很有道理，然而這句話也適用在其他情境。但我也試過從相反的角度思考這句話：歲月漫長，日子短暫。（The years are long, but the days are short.）

我經常在單一一天的待辦事項中塞入過多任務，結果卻無法完成任何重要的事項。我因缺乏進展而感到沮喪，甚至可能自我實現以下這個預言：**我嘗試得越多，達成得越少。我心情不好，因為我經常重蹈覆轍，導致這個循環就這樣持續下去。**

然而，我知道如果計畫得當，也就是不讓自己的行程過於緊湊，並將每日的工作和更長期的大目標相結合的話，隨著時間過去，我可以做到很多事！我意識到這個區別後，就在年度規畫中運用了這個核心原則：

我們高估了一天內能完成的事情，但低估了一年內能達到的成就。

如果好好利用時間，大多數人都有大量的時間可支配。一年三百六十五天，能給你充足的時間。對我來說，一旦開始考慮更長的時間範圍，較大的目標就更可能實現了。

以這種方式思考時間也比較不會帶來壓力。注意力不足過動症和其他神經多樣性狀況的人，由於經歷了過度專注和隨之而來的倦怠循環，使得「持續高效率地生產」這件事變得困難。但是，隨著時間的推移，我們仍然能取得不少成就。知道這一點可以讓你進步，也能讓你在需要退後時原諒自己。

讓我們回到時間焦慮這兩個問題上吧。記住，大多數人至少有其中一種焦慮：**大方向的存在主義焦慮**。他們通常表達出來的是「我不知道該如何安排我的人生」（缺乏遠見，缺少人生的目標感）。

日常壓力。他們通常表現出來的是「我現在不知道該怎麼辦」（感到不堪重負和壓力大）。

這兩個問題的答案是相互關聯的。一旦你清楚自己想在人生中做哪些事，即使只是人生中的某個階段，你就可以將這種觀點應用到你的日常生活裡。你的目標不是完成更多的事，而是專注，並做出深思熟慮的選擇。

夢想與行動的交匯點

想像一個可怕的情境，一瞬間就好：把你的思緒快轉到人生的終點。我不是要你想像自己的追悼會，或朋友可能對你說的話。我只是建議你想像自己置身於一個可以回顧你在世時光的地方，然後思考兩件事：**你最驕傲的事是什麼？以及你最後悔的事是什麼？**

你應該不會記得某一天讓你心煩意亂的事情。你肯定不會想起工作會議或電子郵件，以及困擾你的各種事情。幾乎你一生中度過的所有時間，無論是好是壞，大多都不在你回想的範圍之內。

你比較可能回想起幾個人和自己的幾項成就。也許你會發現主導自己人生的主題或價值觀。或者，你可能只記得一些非常特別的時刻。

就像把你的生活類比成一部電影一樣，這種思考方式可以立即幫你辨識出你最重視的事。這種形象化的方法不僅能重新整理思緒，還可以幫你重新調整每天使用時間的方式。

我們都在生活中做過一些重大選擇，在這些關鍵轉折點上，你決定選擇什麼，放棄什麼。從那之後，接下來的事情並非被動發生，而是你的主動出擊，實現了這些事！至少，你在推動某件事的進展中，扮演了重要的角色。

但是，如果此刻就要做出決定呢？

回到現在，讓我們拋開追悼會，做出一些有意識的選擇吧。

現在，你應該明白，未來之所以讓人感到害怕，因為一切終會結束。你知道，沒有計畫或目的地增加生活中的事物並不能幫上忙。你也知道放棄一切並隱居起來，過著沒水沒電的生活也不是答案。

有些事情你想得到更多，有些事情你則想要減少一點。

那現在該怎麼辦？讓我們引入一個新原則吧：「想要某樣東西」和「得到某樣

東西」之間的連結。任何你希望達成的目標，都要兩個關鍵要素。首先，你需要**一個想法**。其次，你要**將那個想法付諸實行**。介於這兩者之間的，都是阻礙和限制，擋住了你前進的道路。

這兩個關鍵要素，有些人對前一種比較擅長，有些人則是後一種，這是很自然的。我們可以將這兩組人稱為夢想家和行動派，每組都有他們的核心優勢和根本弱點。夢想家常常因為偉大的想法難以實現，而遭受折磨。如果他們沒有計畫避開必然出現的干擾，很可能就在某個地方分心，感到沮喪。他們有一個遠大的夢想！但是他們卻沒能成功。

至於行動派，他們面臨的是不同的問題。行動派很擅長做錯誤的事。他們一絲不苟，早上不查看電子郵件，開會從來沒遲到過。他們全心投入在配額和目標上。然而，正如你可能已經猜到的，他們也會感到沮喪，但原因不同。他們過於忙著完成待辦事項，無暇顧及夢想。他們錯把效率當成效能，生產成為他們最終的目標，而非手段。他們很可能陷入細節中而迷失。

每種類型的基本弱點會緊跟著夢想家和行動派。在生命的盡頭，典型的夢想家可能會對未曾走過的道路或未能實現的遠大目標感到些許遺憾。而典型的行動派後悔的則是不同的事：回顧過去，他們只看到一堆已完成的清單。

我們要兩者兼具

你大概已經看出這會產生什麼結果了。要過上最充實的人生，要做更多真正想做的事，從而減少那種無所適從的感覺，你就要擅長於夢想（創造想法）和行動（實行這些想法）。

你很可能已經很擅長其中一項，但另一項的限制卻阻礙著你。就生活中的方方面面而言，改善弱點不一定是明智的策略。我們往往是透過發揮既有的優勢，獲得更大的成功，而不是平庸地做到所有的事。不過，「夢想與行動」的結合是一個例外。你必須明確知道自己想要什麼，並願意採取實際行動來實現目標。

如果你在創意這方面表現出色，那就太好了！你要花更多時間學習，好讓這些出色的想法成為現實。否則，你的遠大目標始終受限。

另一方面，如果你是一個超有條理，而且擅長為周遭環境帶來秩序的人，如果你熱愛試算表和專案管理應用程式，那真是太棒了！但如果你是這樣的人，你可能和我幾年前的情況類似。我當時擅長一切關於執行面的事，但我仍覺得似乎缺少了什麼。擅長做錯事和有遠見卻無法實現的人一樣，都沒有優勢。

假如你能將夢想家的思維方式，應用到行動派的技能上會怎麼樣呢？你就能夠**做更多真正重要的事情**。

你也能夠追求更多對你而言最重要的目標，放下那些不那麼令人興奮、卻拖慢你腳步的事物。最後，但並非最不重要的事情是，你可以以這種方式減少因時間不足而感到的焦慮和挫折。

我無法保證你能活得毫無遺憾，因為人生充滿了歡樂與痛苦。有時會發生困難的事，有時甚至會發生可怕的事。

但有一個真理你要牢記：要盡可能快樂地、有目的地去生活，並盡可能減少遺憾，並要結合夢想和行動。

記住，我們經常高估自己一天之內能完成的事情，從而導致沮喪和焦慮。但我們卻低估了一年內能達成的成就。長期規畫可以減少日常壓力，並促進有意義的進展。

練習 選擇一項為期一年的計畫

考慮一項為期一年的計畫。每天花少量時間，累積下來可以成就什麼重大的事？

較長的時間範圍，如一年，讓我們能夠延展時間，朝著累積而變得特別有意義的目標努力。作為一個作家，我最喜歡的例子是寫一本書。除非寫非常短的書，否則一天之內無法完成一本書。但你絕對可以在一年內完成一本標準長度的書。我的朋友蘿拉．范德康特別喜愛為期一年的計畫。在最近這一年裡，她讀了《戰爭與和平》這部傑出的小說，接近六十萬字。（一般書籍的篇幅大約為這本書的百分之十至十五）碰巧的是，《戰爭與和平》有三百六十一章，因此蘿拉每天讀一章。如果某一天沒時間讀，沒什麼大不了的，她只要在空閒的時候趕上進度就好。

你也可以選擇一個「習慣計畫」，每天做同樣的事情持續一年。這與計畫週期（例如完成一本書）有些不同。一些習慣計畫的例子包括：

- 每天至少跑步或步行一英里，持續一年。

- 每天至少寫一頁日記。
- 每天拍一張照片並發布在社群媒體上。
- 學習一門新語言，每天依次學習幾個單字。
- 開始和維護一個花園。（包含季節性的循環！）

當你在日常生活中感到掙扎時，加入一些較長時間跨度的目標與實踐，反而可以帶來安慰。如果給你一年的時間，你想完成什麼呢？

人們常因害怕犯錯而不做決定。
其實，無法做出決定才是人生最
大的錯誤之一。

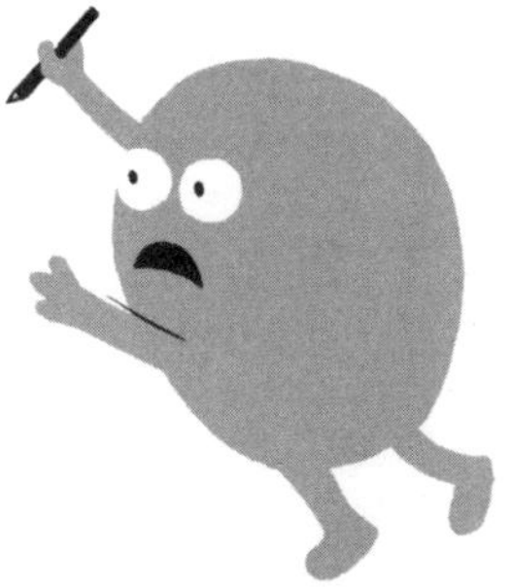

——拉比．諾亞．溫伯格

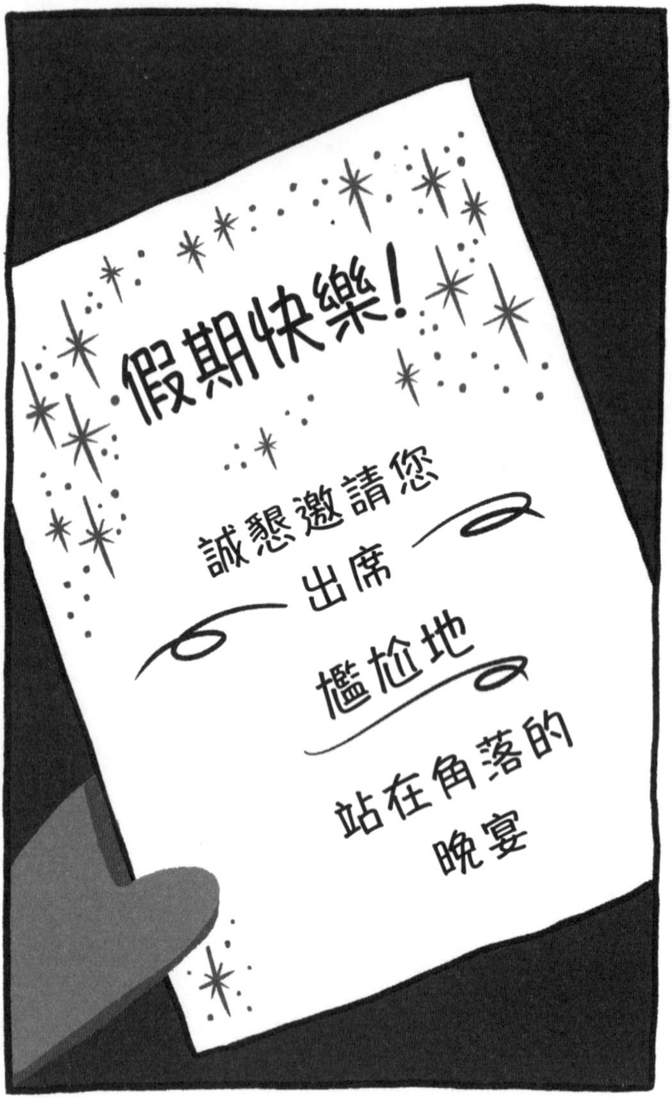

假期快樂！
誠懇邀請您
出席
尷尬地
站在角落的
晚宴

24 婚禮、假期，以及其他令人沮喪的事件

如果你在人生重大事件或假日期間會感到悲傷或焦慮，那在普通的日子裡創造難忘的時刻，會讓你更好受些。

當我們想到特別的日子時，往往會想到兩種類別：人生重大事件和節日。這兩種類別都可能會帶來壓力，甚至達到令人極度痛苦的程度。

人生中的重大事件包括畢業典禮、婚禮和出生等場合。有時候這些日子真的很棒！但有時候卻非如此。在這些時刻，你可能會經歷複雜的情緒。一個新季節即將開始，也意味著另一個季節即將結束。

即使這些日子真的如期待中那樣精采，仍然可能帶來壓力。不是每個在婚禮上哭泣的新娘或新郎都充滿悔意，有時候結婚是一種讓人不知所措的經歷，會激發出很多情感。

那麼，若是孩子誕生呢？這段經歷對母親和孩子而言都是痛苦而艱難的。有些

生產過的人形容這是一段美好的回憶。有些人則形容這是一段創傷且痛苦的過程，這是把新生命帶到世界上所必須經歷的過程，但不必然是他們記憶中充滿快樂的片段。

在所有「人生重大事件」中，當事人好像都應該要感到開心。新手媽媽不應該抱怨生產過程，即使過程很艱難也不應該。你要結婚了嗎？你生活中的一切一定充滿驚喜，因為，看看世界上所有單身的人吧！（是的，這有點誇張了。）

對於重大事件的壓力不僅僅來自於他人，有時候也是自我施加的。「都來到這一刻了，我怎麼會不高興呢？」你問自己。生命中的一切都在引領你走到這一步，所以你怎麼敢感到悲傷或困惑啊？於是，你最終掩蓋了自己的真實感受，甚至對自己也是如此。

現在我們談談假期。與某些重大的人生事件不同，假期是定期會來臨的。許多和時間焦慮對抗的人，也會在節日期間經歷複雜的情緒。當其他人看起來都興高采烈時，你會感到佯裝的壓力。你可能會感到難過、憂慮、不知所措，或只是感到壓力。

十二月，年底這個季節特別具有挑戰性。不管你的感受如何，都應該表現出一切很棒的樣子。同樣的情況也適用於生日，或是像母親節和父親節這樣的「特定主題」日。如果你已失去了父親或母親，或曾失去過孩子，或你和父母的關係不太好，你可能會害怕這些日期出現在日曆上。情人節對許多人來說也是同樣複雜的。

假日期間，時間變得特別奇怪

無論你怎麼看待特定的年度節日（即使你很喜愛這些節日），有一件事對我們所有人都適用：在假期時，時間總是顯得特別奇怪！不管你喜不喜歡，我們都進入了時間扭曲。

很多行業的員工，在假期期間雖有幾天會照常上班，但基本上工作都會中斷好幾週。在某個時刻起，大家都會開始說：「我們在新的一年再回來討論這件事吧！」之類的話。無論你是否同意，我們的時間表和日常作息在假期時都發生變化，許多人的習慣也隨之改變。我們在假期時大吃大喝，結果假期結束後，就進入另一種循環：立下新目標、辦健身房會員、參加「一月禁酒」等活動。

我不是要告訴你假期（或一年中的其他時間）應該吃什麼或做什麼，然而，關於時間焦慮，這個想法很重要：當我們處於時間扭曲時，我們的情緒會被誇大。由於這些因素，我們可能會經歷更強烈的情感，無論是積極或消極的。

如果你在十二月來臨時，感覺自己在大多數時候都很開心，那麼隨著歡樂季節的展開，你可能會感到更加快樂。但是，如果你那時一直感到焦慮或悲傷，「強烈情緒原則」也會發揮作用，負面情緒可能和其他情緒一樣被誇大。

部分解決方案：找到一些讓自己專注的事

如果你和我一樣，假期有時候會讓你感到困擾，你會怎麼做呢？不管是好是壞，如果要長達數週甚至數月的冬眠，我想，只有熊或刺蝟這樣的動物才有辦法做到吧。

由於「全面逃避」幾乎是不可能的，所以我建議你，先要知道發生了什麼事，並對自己有同情心。你不必向周圍的每個人透露自己的感受，但也不必在不開心時假裝快樂。

就我個人而言，我會在假期期間從事一項自己喜歡的計畫，它能讓我保持明智。不像冬眠動物，我不是完全逃避，而是退隱，專注在我從事或享受的計畫。我回顧最近的假期季節，發現我的情緒和身心狀態有所不同，而這樣的不同，取決於我是否有具體的事情可以專注。

儘管我喜歡寫作，但我也沒有把寫作當成工作計畫幫我應付假期。沉浸在一款劇情豐富的長篇電玩遊戲也是一種樂趣。而「祖母級愛好」是非常理想的：如果你喜歡編織，可以設立目標，編織五頂新帽子，或一款大膽的毛衣設計。具體活動是什麼並不太重要，享受其中才是關鍵。

最終，你或許會將假期季節重新定義為一件正面的事（就我個人而言，結果好壞參半）。無論如何，你都可以持續為生活注入更多有意義的事，並在一年中的任何時候，慶祝自己創造的特別日子。

無論是人生重大事件或節慶假日，「被創造出來的特別日子」這個概念，在電影和現實生活之間是有所不同的。在電影中，場景的設置是為了情節的發展。導演希望透過這樣的場景設置，引發觀眾特定的情感反應。我們看電影時，追隨角色的人生故事，自然會看到一些人生重大事件的精采時刻。這些事件就是導演為了引導觀眾而設計的場景。

然而，在生活中，許多真正特別的時刻就是那麼平凡或出乎意料。因此，若能在平凡的日子裡察覺那些特別的時刻，就更好了。這些時刻往往事後回顧才顯現出其特別。然而，如果你能增加這些時刻的次數，不論是整體發生的次數，或是你對這些時刻的覺察，你會感受到更多的目標感。

在假期季節和人生重大事件中苦苦掙扎是正常的。接受情感的複雜性，選擇一項個人計畫，重新掌控並創造屬於自己的特別時刻吧。

練習 一分鐘放鬆小憩

簡單重置，讓你從阻力轉向放鬆

在手機上設置一個計時器，讓它在一天中的三個隨機時間點響起吧。當你聽到鈴聲時，問問自己：「我現在感覺到的，是『阻力』還是『放鬆』？」

如果你感到放鬆，就好好享受吧！停下來，好好感受你體內的輕盈和流動。透過輕敲手腕並說著「放鬆」，這麼做會產生一個身體觸發點，可以透過這個觸發點隨時提醒自己那種感覺。

如果你感到有阻力，可以利用這一分鐘讓自己擺脫困境。站起來，抖抖雙手放鬆，做三次緩慢而深沉的呼吸。然後問自己：「我可以採取哪種最簡單步驟，減少這種阻力感呢？」要相信你腦海中浮現的第一個答案。現在，採取那個小行動，讓動力帶你前進，遠離阻力並邁向放鬆吧。

隨著長時間練習，你就會迅速察覺阻力感，並學會切換回放鬆狀態。

25 先付給自己薪水

與其把你喜愛的活動延後到所有事情都處理完畢，再來進行，不如顛倒過來，先照顧好自己。

在個人理財的世界裡，有一種模式稱為「先付給自己薪水」，指的是每次收到薪水時，自動將一部分錢存入你的儲蓄帳戶和退休基金。你需要資金支付帳單，但有些人認為，如果不優先考慮儲蓄，可能就永遠存不到錢。或許你極度自律，但儲蓄自動化也能讓你無需費心，專注在其他事情上。

在存錢方面這樣做很好，但在應用時間上有無相似的模式呢？如果我們不再只是完成事情後才考慮「樂趣」，而是將樂趣視為優先事項呢？就像我之前說過的，我寫這本書並不是出於學術興趣啊。

我之所以寫這本書，是因為我一直努力面對自己和時間相處的困境，它幾乎天天都影響著我的生活。

在某個時刻，我意識到原來我將「休閒」和工作的獎勵形式聯繫在一起。就生產力的角度而言，這是一種有效的策略。我會告訴自己，如果完成一件我畏懼的任務，我就會獎勵自己一點小甜頭。我完成每天寫一千字的工作？那我可以玩半小時的電動遊戲了。我這週末長跑的里程數夠嗎？夠，那太好了，我可以吃鬆餅。

嗯，還算是提高效率不錯的方法。但現在你知道，這種方法可能掩蓋了更大的問題。我不需要別人同意就可以提前下班。我可以隨時吃鬆餅，不過要控制吃的量。

所以，我開始玩更多遊戲，有時候甚至在白天玩！一開始感覺很奇怪，彷彿我正在從工作中偷偷溜走一樣，儘管我是在家工作，而且可以自行安排時間。不會有工作警察來砰砰敲門，要求我從沙發上起來，回到書桌工作。但我當時總覺得會這樣。感覺**奇怪**、**不熟悉**、**不舒服**。

成為自由工作者二十五年後，我必須學著接受，做一些和工作產出無關的事，是沒問題的。

學會花時間在休閒活動上

如果你和我一樣，很難把娛樂放在優先位置，那你可以多加練習。試試看：

・**先付給自己薪水**。運用個人理財觀念，多規畫自己喜歡做的事情，減少圍繞責任義務的安排。

當然，不是每個人都能一直做到這一點，但重點在於思考「什麼是可能的」。每當你可以的時候，試著把你的工作責任安排在其他興趣之外，而不是反過來為了工作犧牲你的興趣。為什麼你最好的時光要給別人呢？

・**不需要為此辯護**。當我更重視自己的愛好時，總覺得我需要解釋或辯護，即使沒人在乎。下午玩電動遊戲的奇怪罪惡感會逐漸消退，但這真的需要調整觀點。

這種證明自己如何利用時間的現象很普遍。「這是我每月的小確幸。」有些人會用這句話來形容他們喜歡做的事。如果這件你喜歡的事是日常生活的一部分呢？這是你的生活，要明智地選擇。

・**結合計畫性和自發性**。有兩種休閒活動：一種是事先計畫好的，另一種是即興而為的。下午坐在沙發上打遊戲不需要太多計畫，但這也不是我想一直做的事。其他活動則需要某種程度的事前承諾。例如，你要購買演唱會門票或和朋友共進晚餐。

你可能會想要結合這兩種類型：計畫好的活動和即興的樂趣。可以怎麼做呢？

開始規畫一些事情

讓我們以旅遊為例吧，有些人喜歡制定很多計畫。我認識一個人，她會為自己的年度假期製作一份詳盡的試算表，甚至精確到每天的每一餐和每一項外出活動，都逐項列出。我尊重這樣的過程，但我自己並不是那樣生活。總是計畫一切的人可能需要放鬆一下。有些最美好的經歷是出於自然、毫無計畫的。不要擔心在毫無安排的情況下，隨心所欲出門。

話雖如此，我的問題卻是由於缺乏計畫所導致的。我不想被限制住，所以完全沒有任何計畫，結果在許多次旅行中，我什麼都沒做成。同樣地，在沒有旅行的時候，我也不常「外出」。除了早上的晨跑外，我常常多日待在公寓不出門，這也是常有的事。白天我經常工作，偶爾會停下來在大樓的健身房跑步或舉重，到了晚上才出門跟外送員取餐。

在我跑步或出門辦點事的時候，我會眨眨眼，抬頭望著天空和城市。**沒錯**，我會記住的。**外面的世界很大**。

我意識到我傾向於要麼（一）環遊世界但無所事事，或（二）待在家裡無所事事，因此我開始改變自己的習慣。身為一個從未制定過計畫的旅行者，我開始制定計畫。在每次旅行中，我試著計畫每天至少出門在附近蹓一蹓或找一項外出活動。其他的時間我依然保持彈性，只有外出活動或蹓躂是確定要做的事。

在紐約，我去看了一場喜劇表演，這是我平常不會考慮的事。當朋友送我一張互動式劇場的票時，我沒有回答：「我考慮一下。」我接受了這份好意，且過得非常愉快。

展望未來，連續兩年我都考慮去克羅埃西亞的帆船之旅，但當我終於下定決心預訂這趟旅程時，額度已經滿了。第三年，我決定試試一些瘋狂的事情，我提前好幾個月就預訂了。

接著，我開始購買一些演唱會及當地活動的門票，這些活動通常要幾個星期甚至更久後才會舉行。剛開始制定計畫是很困難的，每次我要買票時，都會想：「我可能無法成行。」我試著克服我的抗拒，牢記預訂機票的格言：「確認鍵從不讓人失望。」

在最糟糕的情況下，預訂的活動無法前往時，我就乾脆不去了。當然，這票就浪費了，但這並不是世界末日。偶爾作廢的機票所帶來的損失，早已被其他順利成行的活動所彌補，甚至有過之而無不及。

當我開始為空閒時間制定更具體的計畫時，注意到兩個奇妙的效果。首先，隨著計畫的活動接近，我會懷疑自己是否做對了。我會質疑是否「值得」。我內心的內向者開始畏懼即將到來的社交活動。

也許最讓我擔心的，是這項活動占據了我的時間。我會想：「參加鄰里導覽真的是我打發時間的最佳方式嗎？」我可以利用那個早上來處理書籍的編輯工作啊，或者（這總是舊的備選方案！）可以看看被我忽略的收件匣，回覆一些信件。

第二個效果是什麼呢？幾乎每次結束一項計畫或活動時，我都很高興自己有去。當我晚上寫日記時，必然會回想起那幾次出遊。即使這些活動並不令人驚艷，我喜歡的是嘗試新事物，而不是加班工作。

時間焦慮往往來自於覺得自己做得不夠，但矛盾的是，享受更多我們喜愛的事物就是解藥。允許將自己的樂趣放在首位，看看它會如何改變你對時間的看法。

練習　雙冒險週末

為即將到來的週末，計畫一場大活動和一次小型冒險。

即使在工作日優先考量空閒時間也是很好的，大多數人每週都會有幾天是比較不忙碌的。無論你的週末如何（或許你的週休日和一般人不同一天，或每月只有幾天），給自己設定一個目標吧，每個週末進行兩次冒險，一次是有計畫的，另一次則是隨興的。

什麼是**冒險**？冒險是一個廣泛的詞彙，可以涵蓋許多事物，從參加活動或展覽、上課或工作坊、攀岩，或僅僅是探索一個新地方也算。

這樣想吧：

冒險是一種「令人興奮」或「不尋常」的經歷，通常與「新奇」、「挑戰」、「探索」有關。

引號內的形容詞就是線索，暗示了你的週末可能會是什麼樣子：冒險應是指一些和你平常所做的事情稍有不同的事物。

如前所述，至少提前計畫其中一次冒險。第二次冒險可以是自發性的，但如果你覺得自發性很難做到，也可以好好規畫。

有人可能會認為，為什麼不單純地過著生活，並追求一些輕鬆的冒險就好呢？有些人可以（也確實會）這樣子生活，但大多數人不能或不願意。在這麼多的、彼此搶著要占你時間和精力的事務中，我們很難把自己放在首位。於是，我們只好被動地度過空閒時間，而不是事先花一點工夫準備，讓自己擁有更有價值的體驗。

你會為工作會議和預約醫生安排時間，所以也應該為自己喜歡的事情安排時間。這樣做不僅會讓你完成更多事，還會額外享受到期待的樂趣。

額外提示：在至少一項冒險中相約夥伴同行。

26 與其留名於世，不如學會好好生活

一種更好的感受方式，一種更好的生活方式。

我持續旅行十年不問斷，與某種更深層的原因有關。至少在那段期間，我對於「留名於世」的渴望，是我主要的動力來源。我渴望成為某個重要的人，渴望創造出一番成就。我將這種動力和產出方式相連結：只要我寫的書夠多，為夠多的人製作活動，開啟夠多的計畫……然後，嗯，我不確定會發生什麼事。我推測當時的想法是，這些事情累積起來的總和，應該會大於各個部分產生的效果，最後我就能回頭看看，對自己說：「任務完成！」

毫無疑問，我這樣的想法包含了一定的自負。但成就導向的心態問題，不僅僅是自負而已。可以為自己所做的事、為自己想要的模樣感到驕傲是件好事，我很早以前就相信這一點，至今依然如此。但我認為，更大的問題是，相信這件事的永久性。

當我開始走出長久以來主宰我思考的世界觀時，我用不同的角度審視了我的目標。

大約是這段時間，有位朋友傳給我一段影片，是關於「為什麼男人不需要心理治療」。這是她的家人告訴她的，因為，她對那位家人說：「也許你該考慮找個專業人士談談。」她的建議引起家人的反彈。這不意外。我的朋友想要聽聽我的意見，所以我就盡責看了那段影片。

在影片中，這位專家（劇透一下，他是位開辦了一項教練計畫的前治療師）詳細解釋了治療和大部分心理健康模式，對大多數男性無益的各種原因。他說的一句話讓我印象深刻：「男人要的，是建立一份在他們離世後，仍能留名於世的傳承。」

看著這段影片，我感到沮喪。**這不是個有用的建議！**如果你執著於一個自己無法掌控的結果，就是在為失敗埋下伏筆。

然而，演講者說的話也讓人感到熟悉。畢竟，多年來我也一直相信這樣的話，並說著類似的話。（不是「有一半人口不需要治療」的那部分，而是關於「留名於世」的部分。）我也曾經相信，人生的目的在於以某種聽起來很重要、但卻模糊的方式留下某些事物。

也許這是我自己一部分的問題？我原以為這種「渴望建立一番長久留存的事業」是高度正面的想法，卻沒想到它也是我日常挫折感和焦慮感的主要來源之一。我們因此在不知不覺中，產生了「必須」善用每一分鐘的壓力，製造了一個不可能的目標，這樣的終點會讓我們屢次面臨失敗。如果我們沒有將每一分鐘的潛力發揮到最大限度，那會怎麼樣？當然，這個世界不會因此停止運轉，因為我們在其中的角色並不是那麼重要。

最後我覺得，試圖留名於世可能只是另一種試圖阻止時間流逝的方法，也就是阻止時間的自然進程，阻止這個在我們離開後仍然能完美運行的宇宙。記住，宇宙之海是無盡的。此外，宇宙之海總是依照它自己的意志行事，不會調整它的行為來配合我們的時間表或偏好。

有一天，我們都會離開人世。但在那之前，我們擁有全世界的時間。

更好的方式：專注於好好生活

「建立名聲、留名於世」作為一種動機，與「留名於世」這個概念是不同的。差別在於：毫無疑問，有些人確實會留名於世，但刻意建立名聲卻很困難。

那你可以怎麼做呢？

我發現對我來說，最想要的就是**好好生活**。當然，這個目標仍然伴隨著壓力和壓力源，但程度較低。

好好生活並不意味著享樂主義、只關心自己。好好生活包括照顧自己**和**他人、認可他們，在可能的地方盡力協助他們。

或許這就是「留名於世」的來源：重點不在於你建立或留下了什麼，這僅僅是一個「過得好的人生」的合理結果，一個慷慨、善良、樂於助人，**而且**不會不斷擱置自己的夢想的人生。一個懂得畫清界線的人，既是出於對他人的尊重，也是對自己的尊重。

好好生活是一個有德行的目標。最棒的是，這是可以實現的，這是我們可以做到的事。儘管我們能掌握的事情不多，但我們可以做到！我們今天就可以做到，應對迎面而來的各種事情。我們可以把大部分迎面而來的大混亂擱在一旁，只汲取我們需要的部分，專注於少數我們能做好的事情。我們可以花時間享受簡單的樂趣。

我們可以在「明明知道所做的事情不完美，而且其他事情可能無法完成」的情況下，仍然去做這些事。這就是身為人類必須付出的代價。

我們可以一邊規畫未來，一邊過好當下的生活，即使深知這些計畫最後可能會被擱置。有時候這種事就是會發生！我們不對最後的結果負責，我們只需盡最大的努力嘗試即可。

舊習慣，新變化

當我寫到這本書的結尾時，我不覺得自己已經解決了所有困擾我的問題。即使在撰寫這些章節的時候，我也感到困苦掙扎。有些日子，我喝的咖啡已經多到超過標準了。我感受到完成一本書的壓力，而這本書正是關於完成的壓力。

現在我的收件匣管理得比以前稍微好一些了，但仍然不完美，而且可能永遠不會完美。如果你曾經寫信給我，我沒回覆，很抱歉。**是我的問題，不是你的。**

但我想寫一本能夠改變自己的書，並希望這本書也能幫助他人。對我來說，我改變的是我擁有了自我意識、觀點和某種接受性。我能辨識出讓我感到如此痛苦的認知扭曲。我能明白努力很重要，但理解生活的起伏是一種自然的循環，這點也很重要。

我不斷想起一句話，那就是：**專注在你能做的事，而不是你不能做的事之上**。在完成事情這方面，與其專注在尚未完成的清單，不如多關注那些已經完成的事項清單。未完成的清單會一直保持未完成的狀態，因為你總會加上更多的事項。但已完成的清單也在成長，這是值得驕傲的事。

說實話，我意識到，如果我只專注在這件事之上，我的人生將會好上無數倍。因此，我同樣也給你這項建議。你今天做了什麼？你起床了嗎？你有完成哪項任務嗎？如果是這樣，那就好好慶祝一下。接受勝利。如果這樣的感覺不錯的話，或許你今天可以喘口氣，明天再多做一些。或者你可以學會更自由地生活，不再為尚未完成的事而感到壓力。

當我放下某些期待和責任時，感覺好多了。我仍然沒有在大多數社群媒體上持續發布內容。改變的是，我現在接受這個事實，而不是把自己視為一個可悲的失敗者。當我看到朋友發布比我更棒的貼文時，心裡想著：「真為他們高興！」而不是「我很糟糕。」他們優先考慮自己在社群媒體上的發文，而我優先選擇了其他的事。

當我想要增加生命中有意義的事物的比例時，我做了不一樣的選擇。我計畫了幾趟旅行，去拜訪朋友，我沒有預定其他待辦事項，旅行只是為了見見他們，並聊聊近況。我相信，或許他們一開始會覺得很奇怪，畢竟我以前總是有些計畫可以和他們談論。但，光是我和他們一起度過的時光，就已經**很好了**。

我每天花更多時間寫作，這似乎很合理，但這幾年來卻變得困難。令人驚訝的是，身為職業作家卻不怎麼動筆，其實一點也不難，但對我而言，這麼做還是有點感覺不對勁。感覺對勁的是，我恢復了每天在閱讀或其他任務上的進展。其他的事，我可以等一等。

事實上，讓事情暫時擱置，或拒絕屈服於緊迫感的假象，是我在改變的過程中常遇到的。我學到的其他事情是：

- 並不是開始了的事，都需要完成。（離開是可以的。）
- 並不是所有的事，都要做到完美無瑕。（在很多情況下，「敷衍了事」也是一種完全可以接受的策略。）
- 儘管世界有時似乎以單一、高速的方式運行，但我們可以有意識地減緩我們和世界互動的速度。

不是時間管理的微調或生產力的竅門帶我走到這一步的，我每天仍然和以往一樣擁有相同的時間，和從前一樣，也和所有人一樣。但當我選擇更加投入於寫作和創意專案，而不再那麼在意結果時，我感覺好多了。

我還想留名於世嗎？嗯，當然，但我也想永遠活下去。既然都說了，那我也想中強力球樂透頭彩，最好連買彩券都不用花錢。我還想要能夠飛行或有隱身的能力。我最希望的，是能夠倒轉時間，或至少讓時間暫停片刻。但由於這些事情似乎都不會發生，留名於世和其他願望一樣，都不在我的掌控之中，因此我選擇重新調整焦點。

所以，我鼓勵你也這麼做：為你至今所有的成就感到驕傲吧！多做你能做到的事，而且不要嘗試做到每一件事。

把握你擁有的機會

我們有一定的時間可以做選擇。有些人擁有的時間比其他人多，無論是指壽命的長短，還是能夠自由運用的時間。我們可以一直很在意這件事，或是，可以利用我們擁有的時間，去做我們能做的事。

有人曾經告訴你，你可以成為任何人、做任何事、擁有一切。即使聽起來不錯，但你總懷疑這個想法有些問題。你保持懷疑是對的，因為，你要怎樣才能真正擁有一切？甚至連小孩都知道「無常」的概念。所以，與其在成人世界中維持虛假的表象，不如欣然接受精挑細選的樂趣。那種樂趣就是放下很多事物後，我們可以緊握所選定的少數事物。

你還在懷疑你的時間不夠完成所有的事？你是對的。這項認知可以成為你的優勢，你的祕密力量。如果你把這認知放在心裡，尊重它的真理，它就能在你感到不堪重負時，為你帶來平靜。

這認知會幫你記住，你不必做到每件事，因為，這個目標就是不可行。（而試圖做到每件事正是讓你壓力山大的原因。這個循環不會像施了魔法般自行解決，你必須介入，並結束這個循環。）

然而，正如「我們沒有時間去做每一件事」的道理一樣，仍然有很多事情，我們是有時間去完成的。

世間存在著冒險、飛躍和探險的時刻，存在著進展、撤退、重新整頓的時刻。你未來的日子充滿了各種可能性，有時間來實現偉大的想法，仍然有時間去追求夢想。

有時間可以走到戶外，仰望天空。有時間慶祝日常生活的奇蹟。

有時間去親近你所愛的人。有時間去愛上一個新的人。

樹上還有無花果，正等著你去挑選。

最重要的是，還有時間可以選擇。

的確，總有時間可以好好過生活。

如果你現在正在閱讀這段文字，還有時間。

跋 這本書是為你而寫的

給讀到這裡的讀者一小段話

克里斯・吉勒博

作家總是希望自己的書對讀者有所幫助。因此，我將這本書獻給你，給讀到了這裡的讀者。

請你了解，世界上有許多人和你一樣都經歷過時間焦慮。有時，為共同的經歷命名可以幫助我們大家感覺都好些，或者至少讓我們知道，自己並不孤單。

雖然神奇的解決方案並不存在，但我希望你現在知道，**你並非無能為力**。你可以做些事情讓今天比昨天更好，也讓明天比今天更好。我希望你能去做那些事，並根據自己的需要修改我提供的建議，讓它們更適合你。最後，如果你喜歡這本書，如果你能與任何你認為可能從這本書中受益的人分享，我會非常感激。個人的推薦對於書籍和理念的傳播有著巨大的影響。

最重要的是，你在自己所在之處，要好好照顧自己。

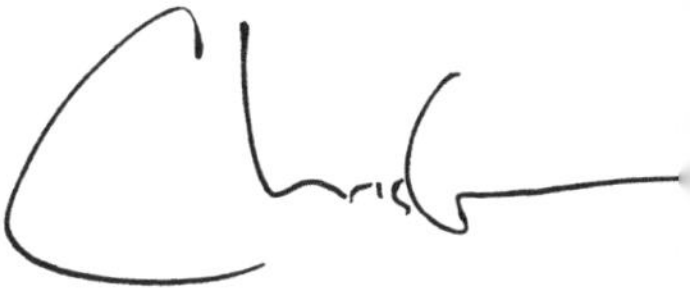

宣言

一、每次赴約時，都要比「你認為需要的時間」提早十分鐘出發。
二、問自己：「這可以等嗎？」學會判斷真正的截止日期和想像的截止日期。
三、創造一個逆向遺願清單來慶祝過去的成就，不要只專注在未來的目標上。
四、使用「時間斷捨離」來消除行程中不必要的承諾。
五、與朋友一起練習毫無愧疚感的溝通藝術，在沒有壓力的情況下維持關係。
六、要趕上所有事情的進度是不可能的，所以要避免試著這麼做的誘惑。
七、我們高估了一天內能完成的事情，而低估了一年裡可以發生的變化。
八、不是每件開始的事情都必須完成。
九、沒有人會說：「我真希望晚點再做出那個改變。」
十、為了活得更好，每天都要思考死亡。

中英名詞翻譯對照表

人物

KC·戴維斯 KC Davis
大衛·福蓋特 David Fugate
丹尼爾·品克 Dan Pink
巴布·迪倫 Bob Dylan
巴布羅·畢卡索 Pablo Picasso
巴拉克·歐巴馬 Barack Obama
卡爾·榮格 Carl Jung
史蒂芬·列維特 Steven Levitt
尼爾森·德米勒 Nelson DeMille
托爾斯泰 Tolstoy
艾倫·奈特 Alan Knight
克里斯·古勒博 Chris Guillebeau
希薇亞·普拉斯 Sylvia Plath
貝多芬 Beethoven
貝塞爾·范德科爾克 Bessel Van Der Kolk
妮可·布爾薩拉 Nicole Bulsara
拉比·諾亞·溫伯格 Rabbi Noah Weinberg
法蘭茲·卡夫卡 Franz Kafka
阿努·阿特魯 Anu Atluru
查爾斯·狄更斯 Charles Dickens
珍·澤曼 Jen Zeman
珍妮佛·威爾班克斯 Jennifer Wilbanks
約翰·藍儂 John Lennon
唐納·米勒 Donald Miller
梅森·柯瑞 Mason Currey

莫札特 Mozart
湯姆·威茲 Tom Waits
塔拉·布萊克 Tara Brach
楊·穆爾 Jan Mul
葛瑞琴·魯賓 Gretchen Rubin
瑪莎·M·林納涵 Marsha M. Linehan
瑪雅·安傑洛 Maya Angelou
碧昂絲 Beyoncé
蓋比艾兒·布萊爾 Gabrielle Blair
赫倫·格林史密斯 Heron Greenesmith
劉慈欣 Liu Cixin
蘿拉·范德康 Laura Vanderkam

其他

巴塞隆納 Barcelona
心理過濾 filtering
史基浦機場 Schiphol Airport
平靜禱文 serenity prayer
交戰規則 rules of engagement
在職躺平 quiet quitting
災難化思考 catastrophizing
幸福主觀單位 Subjective Units of Happiness, SUH
注意力不足過動症 ADHD, Attention deficit hyperactivity disorder
阿姆斯特丹 Amsterdam
非黑即白思維 black-and-white thinking
侵入性思考 intrusive thought
美國 United States
個人化思考 personalization

時間盲點 time blindness
祖母級愛好 granny hobby
神經學表現特異 neurodivergent
強力球樂透 Powerball lottery
習得無助 learned helplessness
習慣堆疊 habit stacking
喬治亞州 Georgia
斯德哥爾摩 Stockholm
視覺計時器 visual timers
註冊投資管理分析師 CIMA
董事會認證受託人 BCF
過度專注 hyperfocus
極度類化 overgeneralization
「搞定」工作法 GTD, Getting Things Done
電話恐懼症 telephobia
電話焦慮 phone anxiety
預期性後悔 anticipatory regret
慢活文化 slow culture
漢堡 Hamburg
認知扭曲 cognitive dissonance
認知行為療法 cognitive behavioral therapy
赫爾辛基 Helsinki
輕鬆迴圈 Ease Loops
摩擦迴圈 friction loop
番茄鐘工作法 Pomodoro Technique
錯失恐懼症 FOMO, Fear of missing out
賽蓮 siren
雞米花 bite-size nuggets

辯證行為療法　dialectical behavior therapy
讀寫障礙　dyslexia
靈丹妙藥　silver bullet

書報媒體

《三體》　*The Three-Body Problem*
《不服從的創新》　*The Art of Non-Conformity*
《什麼時候是好時候》　*When*
《後悔的力量》　*The Power of Regret*
《神經心理學》　*Neuropsychology*
《原子習慣》　*Atomic Habits*
《紐約時報》　*The New York Times*
《追求幸福》　*The Happiness of Pursuit*
《創作者的日常生活》　*Daily Rituals*
《戰爭與和平》　*War and Peace*

化解你的時間焦慮

時間總是不夠用？你要管理的不是時間，而是改變工作觀念和順序

作者　克里斯・吉勒博（Chris Guillebeau）
譯者　林巧棠
主編　劉偉嘉
校對　魏秋綢
排版　謝宜欣
封面　萬勝安
出版　真文化／遠足文化事業股份有限公司
發行　遠足文化事業股份有限公司（讀書共和國出版集團）
地址　231 新北市新店區民權路 108 之 2 號 9 樓
電話　02-22181417
傳真　02-22181009
Email　service@bookrep.com.tw
郵撥帳號　19504465 遠足文化事業股份有限公司
客服專線　0800221029
法律顧問　華洋法律事務所　蘇文生律師
印刷　成陽印刷股份有限公司
初版　2025 年 9 月
定價　400 元
ISBN　978-626-99984-0-1

歡迎團體訂購，另有優惠，請洽業務部 (02)2218-1417 分機 1124

特別聲明：有關本書中的言論內容，不代表本公司／出版集團的立場及意見，由作者自行承擔文責。

國家圖書館出版品預行編目 (CIP) 資料

化解你的時間焦慮：時間總是不夠用？你要管理的不是時間，而是改變工作觀念和順序／克里斯・吉勒博（Chris Guillebeau）作；林巧棠譯. -- 初版. -- 新北市：真文化，遠足文化事業股份有限公司，2025.09
面；公分 --（認真職場；37）
ISBN　978-626-99984-0-1（平裝）
譯自：Time anxiety : the illusion of urgency and a better way to live
1. CST: 時間管理　2. CST: 工作效率　3. CST: 焦慮
494.01　　114010992